Revenir d'Inde

Rue des Écoles

La collection « Rue des Écoles » est dédiée à l'édition de travaux personnels, venus de tous horizons : historique, philosophique, politique, etc. Elle accueille également des œuvres de fiction (romans) et des textes autobiographiques.

Déjà parus

Cassan (Emmanuelle Eve), *Sous les ormes de Grabow, A la recherche de mon grand-père, déporté en 1944*, récit, 2019.

Beauverger (Hélène), *Les Poules Imbéciles,* roman, 2019.

Bonnave-Marrat (Bernard), *Un pied sur chaque rive*, roman, 2019.

Mazziotta (Robert), *Les mémoires réconciliées*, récit, 2019.

Duval (Christian), *Le parc de Santeuil*, roman, 2019.

Lamy (Laurya), *Clara et le président*, roman, 2019.

Moisan (Dominique), *Moi, migrant, Récit de l'odyssée de Mitterand Mardoché Momo Donaya*, 2019.

Firth (Alan), *La femme en vert*, roman, 2019

Igot (Jean-Pierre), *Paris-Moscou*, roman, 2019.

Malka (Bruno), *Voix off*, roman, 2019.

Beauvais (Paul), *La résidence*, roman, 2019.

Suveraie (Philippe), *Eva vit et meurt d'amour*, roman, 2019.

Ces douze derniers titres de la collection sont classés par ordre chronologique en commençant par le plus récent.
La liste complète des parutions, avec une courte présentation du contenu des ouvrages, peut être consultée sur le site www.editions-harmattan.fr

Patrick Bellegarde

Revenir d'Inde

Échanges autour de la sociobiologie

Préface de Claude Combes

L'Harmattan

5-7, rue de l'École-Polytechnique, 75005 Paris

http://www.editions-harmattan.fr

ISBN : 978-2-343-16160-0
EAN : 9782343161600

Sommaire

PRÉFACE

Pour un scientifique, « ce qui existe » a eu un commencement et aura une fin »[1].

Problème : le scientifique ne sait décrire ni le commencement ni la fin, même si les mots suscitent beaucoup de passion, même si cette passion grandit chaque fois que l'explication du monde donne l'impression d'entrer – enfin – dans le giron de la connaissance.

Faute de connaître le tout, le biologiste est modeste puisqu'il propose d'écrire, non pas l'histoire du monde mais l'histoire du monde vivant. Sa modestie est même si grande qu'il laisse généralement aux astrophysiciens des questions fort intéressantes telles que « Existe-t-il de l'eau et des bactéries sur la planète Mars ? » ou « Combien de planètes dans l'univers vivent-elles l'aventure de la vie ? »

L'aventure de la vie…

Voilà un fragment de l'histoire du monde qui intéresse le scientifique, à la fois pour le possible de son début et pour le probable de sa fin, donc pour les

---

[1] Du moins Leibnitz écrivait-il « Pourquoi y-a-t-il quelque chose plutôt que rien » ce qui conduisait Bergson et d'autres philosophes à s'interroger sur le sens du mot « rien »

événements qui permettent d'écrire des portions de cette histoire.

Il existe une tendance simplificatrice qui consiste à découper l'histoire du monde en segments. Par exemple, l'histoire de la naissance de la vie, ou bien l'histoire des symbioses, ou bien l'histoire des plantes à fleurs, ou encore, l'histoire des primates, et ainsi de suite. Cette approche entraîne bien sûr quelques conflits entre « spécialistes » (les biologistes et les sociologues qui sont les acteurs favoris du livre de Patrick Bellegarde) mais rien de trop grave et surtout rien qui se répercute de génération en génération. On peut même dire que les collaborations ont davantage de succès que les disputes. Par exemple, les géologues travaillant sur l'ère secondaire et ceux qui travaillent sur l'ère tertiaire sont ravis de discuter de l'astéroïde dont la chute sur notre planète balaya les continents et océans de notre fragile planète.

Tout de même, si l'on y regarde de près, on constate que cet événement d'ordre cosmique (que nous venons de prendre pour exemple) avait un futur qui allait émerger soixante-cinq millions d'années plus tard. Quel futur ? Mais la création de l'homme bien sûr ! L'astéroïde avait fait de la place pour que de petits mammifères grandissent et multiplient leurs espèces, de la place pour que les primates abandonnent deux de leurs pattes à l'évolution, de la place pour qu'une lignée de ces bipèdes échange entre eux la richesse inépuisable de leurs imaginaires.

Comme le montre Patrick Bellegarde, le cas « humain » est l'objet de querelles, que l'on pourrait théoriquement éviter en répondant à la question : les comportements de l'*Homo sapiens* sont-ils de la compétence du biologiste ou du sociologue ? Il est probable que, si l'on y regarde bien, on doit constater que les racines de ce dilemme se trouvent chez l'animal, mais cela n'est rien à côté de l'explosion qui se produit chez les hommes modernes (c'est-à-dire « nous », enfants des émergents en Afrique, il y a autour de cent mille ans).

Explosion qui fait dire à Denis Hume, à Hannah Arendt et à bien d'autres philosophes que l'homme est un animal social. Pour ces auteurs, c'est même la socialité qui a permis à ce petit être de survivre et de grandir dans une nature égoïste et hostile, bien qu'il soit dépourvu de crocs et d'épines, de carapace et de vitesse, de mimétisme et de venin.

En fait, le biologiste côtoie soudainement un domaine nouveau et immense de recherche, qui impose de devenir sociologue. Alain Prochiantz (biologiste !), parlant de « *cette étrange espèce qu'est la nôtre* » [2] souligne : « *À moins d'être aveuglé par une passion anthropomorphique au point de voir un humain dans tout animal, il saute à la raison que les sociétés humaines ont quelque chose de spécial et qu'il est nécessaire d'en référer aux sciences humaines pour les analyser... Quelle rage donc d'être une machine aussi absurde que ce « vouloir être singe » qui semble hanter certains humains* » [3].

---

[2] A. Prochiantz, 2012. Qu'est-ce que le vivant ?, Seuil : p.11.
[3] Op. cit., p. 16.

Dans la vie pré-humaine, les comportements tiennent un grand rôle, d'une part entre les prédateurs et leurs proies, d'autre part lorsqu'apparaît la sexualité. Ces comportements sont des réponses à des signaux, souvent chimiques, parfois visuels ou sonores. En résulte la sélection de caractères qui font que la planète est un ensemble ébouriffant de signaux de toutes sortes qui se croisent en tous sens.

Tant que l'on s'intéresse à cette vie pré-humaine, qu'il s'agisse de la bande de loups ou de la ruche d'abeilles, l'analyse des comportements, même si elle se présente sous des formes multiples, et même si elle met en jeu des mécanismes complexes, reste accessible à la biologie « classique ». Ce qui attire Patrick Bellegarde, c'est l'étape de vie qui suit, celle dont la complexité est encore bien plus grande, celle des hommes. Et ce qui le passionne bien sûr, c'est comment se règle, à toutes sortes d'échelles, le conflit (permanent, ou peu s'en faut) entre les règles du groupe humain et l'intérêt de l'individu. Prenant pour sujet les rapports sociaux de la circulation routière, il démontre et discute de ce qui peut remplacer l'obéissance au groupe, à savoir un comportement occasionnel qui dépend de l'environnement. Patrick souligne avec justesse que les coûts et bénéfices de tel ou tel comportement peuvent caractériser tel ou tel pays, du fait que les pressions de sélection y sont différentes. On retrouve ici ce qui caractérise toute l'évolution, à savoir un affrontement constant entre une création et une destruction de diversité.

Comme on le devine, c'est ici que les désaccords persistent entre biologistes et sociologues, face au calcul non exprimé par l'individu de sauvegarder sa vie (donc ses gènes !). Il y a avant et après le langage, avant et après l'écriture, avant et après les outils, avant et après le numérique. En lisant Patrick Bellegarde, vous allez comprendre pourquoi les biologistes et les sociologues se disputent quelquefois, confrontés à la plus grande richesse de questions qui n'aient jamais surgi dans l'univers.

Se disputent ?

Sauf bien sûr si, comme nous l'avons fait de nombreuses fois, sont invités à notre table – en plus du biologiste et du sociologue - l'humour, les bons mots et un regard dépourvus d'a priori sur l'humain.

Claude Combes
Biologiste
Académicien des Sciences

Revenir d'Inde, amusement sur la sociobiologie

La pensée scientifique est une pensée critique, c'est nécessaire, c'est une obligation.

La pensée scientifique peut être impertinente dans ses résultats, pas obligatoirement dans ses intentions. Elle se doit aussi d'être pertinente par rapport à ses objectifs.

La découverte de certaines lois de la nature repose sur cette constatation assez simple.

La découverte de nouvelles lois sur la nature (humaine) et donc les sciences humaines (donc sociales) ne peut que procéder de la même attitude. Elle doit bousculer des perceptions communes ou même des certitudes, surtout quand elles appartiennent à une élite sûre de ses concepts qui sont devenus des privilèges rarement partagés en dehors d'une communauté spécialisée.

De l'impertinence naîtra peut-être la pertinence.

La science peut être, et est souvent, impertinente, mais l'impertinence n'est pas obligatoirement scientifique.

Nous souhaitons donc cette réflexion impertinente et donc pertinente si elle est scientifique. Ce paradoxe n'est pas le dernier.

La science avance ou accumule des savoirs parce qu'elle a la capacité de remettre en cause ce qui est, ce qui se pense sur ce qui est, qu'elle peut démontrer ses remises en cause, et ainsi, faire découvrir des règles ou des lois nouvelles.

Comme le disait G. Bachelard, il n'y a de science que du caché.

Mais le caché n'est pas la science, ce rapport pourrait être ambigu. Nos complexes constructions sociales peuvent produire une science cachée, parce que les jeux de pouvoirs auxquels participent les scientifiques produisent du caché. La science est une construction sociale qui traque le caché, social ou non, mais qui en même temps, en contient.

Introduction à la pensée exclusive

Cette attitude critique de la science est normale et même indispensable. Elle est cependant risquée, parce qu'elle est porteuse d'habitudes, d'attitudes qui peuvent se pérenniser et nuire à la science elle-même.

Elle peut devenir une pensée exclusive après avoir été critique.

L'espace entre la pensée critique et la pensée exclusive est assez étroit pour être la source de son oubli.

La pensée scientifique ne doit pas basculer dans la pensée exclusive, surtout quand la raison de ce basculement est celle d'intérêts organisationnels ou individuels et non de curiosité ou de rigueur. C'est malheureusement trop souvent le cas.

La pensée exclusive est une constante de la pensée humaine. Nous passons une bonne partie de notre vie à reconnaître notre identité par l'exclusion des autres (individus, groupes, organisations, etc.). L'analyse du goût social que fait Pierre Bourdieu dans « La distinction[4] » a bien montré cette constante du compor-

[4] P. Bourdieu. La distinction. Critique sociale du jugement. Editions de Minuit, 1979

tement d'exclusion pour se définir, comme individu ou comme membre d'un groupe humain. L'exclusion de l'autre, de la pensée de l'autre, est un principe de renforcement identitaire.

Dans le domaine scientifique, qui est une production humaine, il est presque logique que l'on retrouve ces attitudes d'exclusion. Toute la qualité d'une recherche scientifique est de pouvoir formaliser une pensée théorique transmissible. Pour cela, il faut un langage, une communauté qui puisse partager celui-ci et les concepts qu'il véhicule. Ce communautarisme est parfois une exclusion.

Il est assez fréquent qu'un domaine scientifique donné soit incapable d'accepter les outils conceptuels d'un autre domaine. En conséquence, tout ce qui ne fait pas appel aux concepts, aux langages, aux méthodes reconnues par une école de pensée dans un cénacle, qu'elle soit épistémologiquement classée ou non, peut provoquer une réaction de refus, de rejet.

La base de la pensée exclusive dans la recherche scientifique est là.

On peut bien sûr, ajouter les conflits d'intérêts ou de personnes, cela ne gâte rien.

L'université française, par la place qu'elle occupe dans la recherche scientifique, est prise dans cette dynamique de la pensée exclusive. Bien heureusement, elle ne fait pas que cela, mais…

La carrière d'un enseignant-chercheur dans une université française, se construit sur la recherche, peu sur l'enseignement, qui ne fait l'objet d'aucune évaluation[5]. Elle suppose un discours et des allégeances à des chapelles scientifiques (des labos) ou à des formes de pensée et d'expression de celle-ci qui reposent en partie sur l'exclusion, la négation d'autres chapelles, jugées moins pertinentes, moins capables de rendre compte de la réalité observée.

Ces chapelles sont un savant mélange de contraintes politiques et de contraintes scientifiques qui organisent la distribution des moyens et des carrières dans les organisations publiques comme dans les entreprises privées.

Cela ne signifie pas, par réaction, que toute production en dehors de ce système soit acceptable scientifiquement et que la recherche française soit nulle, mais cela montre que les réflexes d'un chercheur sont d'abord de se situer par rapport à une chapelle pour rejeter les autres ; sa carrière ou ses moyens de recherche peuvent en dépendre.

La pensée exclusive est un mode de pensée qui se fonde d'abord sur le rejet. Elle reconnaît les apports des autres comme base négative de son propre envol. Elle se fonde aussi sur la forme de son expression, permettant comme un code, ou un argot professionnel, en particulier dans les sciences sociales ou humaines, la reconnaissance plus ou moins consciente des membres entre eux.

Par exemple, l'utilisation de l'expression « comme base négative de son propre envol », dans une des phrases qui précèdent, a le don, pour certains lecteurs,

---

[5] Il faudrait pour cela changer quelques habitudes.

par sa forme vaguement poétique, de rejeter le contenu de la réflexion dans la fantaisie. Pour d'autres, au contraire, elle sera la marque d'une écriture qui intègre plusieurs dimensions de recherche et d'expression. Cela dépendra aussi de l'identification du courant de pensée auquel se rattache l'écriture de l'auteur. La reconnaissance des concepts ou le vocabulaire utilisés participent à ce classement plus ou moins conscient.

Par exemple, dans notre cas, l'utilisation d'une citation de Pierre Bourdieu est un indice indentifiable d'un discours organisé. Ce phénomène d'identification de la pensée de l'autre est un exercice indispensable à la reconnaissance de sa propre pensée, de son allégeance à un groupe, un courant.

La pensée exclusive est un réflexe intellectuel (psychologique) qui nous permet de faire des classements rassurants à partir de signes (mots, phrases, gestes) que nous reconnaissons, identifions pour notre propre compte comme pour celui des autres.

L'homme est encore cet animal grégaire qui a besoin de la reconnaissance des autres. Cette constante biologique se retrouve dans les expressions des domaines scientifiques (légère provocation en forme de raccourci temporel). Vivre avec les autres et, en plus, devoir être reconnu par les membres d'un groupe auquel on appartient, n'est pas que le privilège de l'espèce humaine ; nous voici alors dans la biologie et l'éthologie. L'église sociologique doit commencer à sentir ses poils identitaires se dresser.

La rencontre avec un biologiste n'est pas une chose simple pour un sociologue : les tentatives de rapprochement entre les deux champs de réflexion n'ont pas toujours été très bien accueillies, ni par les sociologues, ni par les biologistes[6]. Et pourtant, c'est bien ce que nous avons essayé de mettre en forme en décidant autour d'une bonne table, raison scientifique parmi les raisons, de lancer une recherche commune avec les instruments conceptuels que nous avons l'habitude d'utiliser dans les domaines qui nous sont propres.

Nous avons voulu mettre en œuvre le refus de l'exclusion qui est souvent une posture obligatoire et rassurante. Les échanges avec un biologiste, notoirement connu comme tel, peuvent ressembler à une trahison de classe scientifique. J'entends encore les cris de certains de mes amis ou ennemis sociologues. Il y a un risque à chercher les thèmes d'une réflexion commune avec des sciences qui sont souvent utilisées pour rejeter la pensée sociologique. La biologie a parfois été mise en avant pour nier les aspects sociaux de certains comportements humains ou les aspects humains de certains comportements sociaux.

Ce déterminisme social aurait pu m'empêcher de dialoguer avec Claude Combes.

Malheureusement ou heureusement, cela (la pensée exclusive) n'a pas marché.

---

[6] Bien sûr nous pensons à Edward Wilson : Sociobiology ou en mieux à l'amitié entre E. Morin et J. Monod.

Le mot de déterminisme fait peur, celui de l'hyperspécialisation aussi, mais c'est un risque à prendre que de vouloir affronter ce risque.

J'ai pris du plaisir[7] à m'entretenir avec Claude Combes, puis à lui écrire. Plutôt que d'exclure ses remarques, ses observations d'emblée comme devrait le faire tout <bon> sociologue quand il entend un biologiste, j'ai déduit de nos échanges le concept pas très neuf de l'intersection.

Les champs de la biologie et de la sociologie sont distincts, et le resteront sûrement encore longtemps[8], mais il existe des zones communes entre ces deux disciplines et il convient de confronter nos méthodes, nos idées en nous intéressant à ces zones. Ces espaces communs se situent et/ou se créent dans une intersection entre deux champs qui nécessitent une approche non exclusive, même si précisément nous excluons l'exclusion.

L'intersection n'est pas l'accumulation ou la juxtaposition de deux domaines, elle est une zone commune interactive qui concerne deux approches distinctes abordant un même objet. Une interaction entre des domaines de recherche est à l'oeuvre dans cette zone d'intersection, c'est elle qui nous intéresse.

---

[7] J'entrevois la double provocation de cette introduction, ni l'emploi de la première personne, ni la notion de plaisir, ne sont les instruments favoris de l'approche scientifique. Leur réalité n'est pourtant pas à éliminer, ni dans la construction de l'objet observé, ni dans l'objet lui-même.

[8] Nous ne désespérons pas de voir fondre, un jour, les barrières entre les disciplines scientifiques.

On peut aussi parler de transversalisme, comme le font Terry Shinn et Pascal Ragouet[9].

L'étude des rapports sociaux produit une intersection entre la biologie et la sociologie. C'est d'ailleurs par celle-ci qu'elle est produite. Aucune des deux disciplines ne peut se prévaloir d'un titre de propriété du champ d'observation, même si les discours exclusifs sont assez fréquents entre l'une et l'autre.

L'observation des comportements psychosociaux peut se faire **aussi** avec la conscience de leur appartenance à des contraintes biologiques, sans pour autant que cette approche devienne envahissante, coupable d'un rejet du psychosocial dans le biologique devenu unique référence.

La présence des contraintes biologiques dans les comportements sociaux est une archi-évidence. Il convient d'en mesurer la part réelle. Il faut alors concevoir leur interaction dans ce qui est bien une intersection. La pénible culpabilité des sciences sociales et humaines par rapport aux sciences naturelles gêne la qualité de l'intersection entre ces deux types d'approches scientifiques. Le concept ou l'expression de « pénible culpabilité » est nécessaire pour éviter une auto-censure de la pensée des sciences sociales ou humaines.

Cette culpabilité commence dans les valorisations des matières scientifiques, face aux matières littéraires dans les processus de scolarisation. Elle n'est peut

---

[9] Pour une sociologie transversale de l'activité scientifique. Raison d'agir. 2005

être pas que le résultat d'un mauvais rapport des sociologues, dont je suis, aux mathématiques dans le système scolaire. Il y a aussi cette contre-dépendance historique des sciences humaines et sociales à la biologie. Claude Combes m'a fait découvrir l'ouvrage de Dominique Guillo : « Sciences sociales et sciences de la vie[10] ». J'y ai découvert comment A. Comte et H. Spencer, parmi d'autres, se sont appuyés sur la biologie et l'embryologie pour construire les premiers concepts de la sociologie.

Pour un sociologue, c'est peut-être une prétention dans mon cas, la biologie s'adressant au profane est intéressante parce qu'on y trouve une forme d'interrogation sur la vie et sa mise en forme dans les rapports humains, à laquelle les sciences humaines et sociales sont peu habituées. L'approche des rapports sociaux par les contraintes biologiques est bien sûr complexe et peu habituelle, mais je ne suis pas sûr qu'elle soit plus simple par le biais des sciences sociales.

Les instruments de la réflexion sont alors différents de ceux de la sociologie. Il en découle des façons d'aborder les phénomènes observés qui sont bien éloignées les unes des autres sans que pour autant leurs résultats soient obligatoirement contradictoires.

Ce rapprochement est risqué parce que nous savons que depuis les tentatives de Wilson, les perspectives de coopération entre la biologie et la sociologie sont

---

[10] Sciences sociales et sciences de la vie Dominique Guillo. PUF. 2000.

douteuses et que la colère des justes venus des deux disciplines est assez compréhensible. Cependant, faut-il rejeter un rapprochement entre deux recherches parce que les présupposés idéologiques des uns sont incompatibles avec ceux des autres ?

Ces présupposés apparaissent dans le cours des discussions et peuvent être mis en ordre ou combattus. Claude Combes a fait une lecture très scrupuleuse de ce texte et a corrigé les imprécisions de mes expressions pour leur donner une plus grande rigueur.

Si les résultats scientifiques des uns et des autres sont dérangeants pour ces mêmes uns et autres, ils n'en restent pas moins utilisables pour toute recherche désireuse de se sortir de la pensée exclusive.

Dans la perspective qui est la nôtre, nous essayerons de faire de notre rencontre un contrôle réciproque de pertinence ou d'impertinence.

Certaines déductions hâtives ou mal reçues doivent-elles réduire certaines curiosités ? Les exagérations d'un Wilson ou les angoisses politiques de certains sociologues peuvent-elles nous empêcher de réfléchir ?

Serait-il scientifiquement incorrect que les délires issus d'une table gastronomique et amicale soit une source de recherche ?

« Tu ne laisses pas facilement deviner aux yeux avides des sciences naturelles les mille secrets de ton intime organisation : tu es modeste. » Lautréamont. Les chants de Maldoror.

Compétition ou coopération

Pour illustrer les incompatibilités d'humeur épistémologique entre la biologie et la sociologie, certains termes courants peuvent être mis en avant.

La compétition, par exemple, est-elle un concept transférable d'un domaine scientifique à un autre ?

Pour la biologie, la compétition est une attitude observée entre les organismes vivants dont on rend compte par un concept linguistique.

Pour la sociologie, la compétition est un concept construit par des rapports sociaux que l'on peut observer dans ces mêmes rapports sociaux et dont on peut rendre compte par un concept linguistique.

Soit la compétition construit des rapports sociaux, soit elle est construite par eux.

Le terme peut être porteur de plusieurs sens mais l'inquiétude de certains sociologues ou biologistes face au sens social (économique ou politique) de celui-ci, le rend inutilisable dans un autre domaine. Il devient alors inutile de se soucier de son originalité !

Le même concept peut donc désigner des choses bien différentes comme il peut désigner des éléments communs, une intersection.

La compétition peut être considérée comme une donnée organique **et** un construit social.

Il y a intersection de sens entre les domaines de la biologie et ceux des sciences sociales. La notion de lutte pour l'exploitation d'une ressource n'est pas qu'une construction idéologique, elle est aussi un comportement qu'on trouve chez de nombreuses espèces. Qu'elles soient une construction sociale et une attitude naturelle n'empêche pas que ces deux dimensions soient influentes l'une par rapport à l'autre.

Mais la pensée exclusive étant passée par là, l'une est obligatoirement, dans la perception des propriétaires de champs épistémologiques que sont les scientifiques, première par rapport à l'autre. C'est cette primauté qui, par principe exclusif, rend impossible l'usage commun ou complémentaire d'un concept. La notion de primauté n'est pas chronologique mais distinctive d'une organisation de la pensée qui place un ensemble d'outils de réflexion comme plus important que d'autres.

Quel échec !

Pour un sociologue, comme pour un économiste, la compétition est une catégorie identifiée de l'économie ou de certaines pratiques sociales. Suivant la culture à laquelle se rattache l'un ou l'autre, la compétition sera classée dans l'économie capitaliste, créatrice de cette compétition, ou alors dans l'attitude de l'individu naturellement compétiteur qui aura engendré cette forme d'économie. L'aspect biologique de la compétition justifierait alors la construction économique et politique, la rendant aussi éternelle que l'espèce humaine (Jolie illusion !).

La compétition est à l'œuvre dans les rapports sociaux, entre les individus, entre les groupes d'individus ou entre les sociétés, comme organisations sociales. Les sociologues ou les économistes ne travaillent pas hors de ces rapports sociaux ; ils peuvent être en compétition entre eux. Les attitudes d'un individu, on ne parle pas de l'espèce, sont liées à des rapports sociaux créés dans une dimension temporelle courte. Une civilisation, par exemple, se définit dans un temps que nous qualifierons de plutôt restreint, alors que l'espèce, vivant ou non en société, peut dérouler son existence à une période beaucoup plus longue. Une civilisation se mesure en effet en une durée établie en siècles. La survie d'une espèce, elle, se produit sur des milliers, voire des millions d'années. La sociologie évacue cette dimension temporelle et des attitudes des individus qui lui sont imputables. Ontogénèse versus phylogénèse.

La compétition dans une activité comme la reproduction génère des comportements sociaux bien différents selon les sociétés : le mariage ou les pillages, les viols et autres, l'expriment assez bien dans notre histoire ou préhistoire. Notre présence actuelle comme individu en est la démonstration : nous sommes le résultat d'une compétition. Félicitons nos parents pour cela !

Pour un biologiste (laissons le soin à Claude Combes de contrôler notre vision), la compétition est une attitude consciente ou inconsciente que l'on observe entre espèces vivantes ou entre individus d'une même espèce. Ce comportement quasiment commun à toutes les espèces doit permettre à un organisme de prendre le pas sur un autre pour l'exploitation d'une ressource qui lui permettra de transmettre ses gènes. On peut imaginer la reproduction comme créatrice d'un espace de ressources. Elle concerne l'individu comme l'espèce. Elle n'implique pas obligatoirement des rapports sociaux. Elle intéresse les individus parce qu'ils font partie d'une espèce, que celle-ci soit porteuse ou non des rapports sociaux. Elle se situe dans une échelle d'observation temporelle longue.

La théorie de l'évolution pourrait nous permettre de répondre à la question de la primauté chronologique de l'attitude organique ou de l'attitude sociale de la compétition, mais la notion de temps que nous soulevons ne résout pas le problème de l'interaction entre le social et l'organique (ou l'individuel) dans la synchronie. La construction interactive des rapports sociaux par la compétition est aussi faite de la lutte entre des organismes. Elle contient de fait une dimension individuelle comme une dimension sociale temporelle. Savoir qui est premier de la poule ou de l'œuf ne résout pas les conflits hiérarchiques du poulailler.

Tout sociologue (?) sait que les rapports sociaux sont une production de l'espèce humaine, que les sociétés humaines se construisent ou se détruisent sur la base de rapports sociaux entre les individus et que ceux-ci sont le résultat d'un processus évolutif assez long dans lequel on peut identifier des périodes d'organisation intéressant les sciences humaines et sociales.

Les rapports sociaux produisent une culture comme ils en sont le fruit. Ils sont une caractéristique constante de l'espèce humaine qui n'apparaît pas comme une culture. Ils sont une donnée biologique de l'espèce humaine. Mais l'espèce crée une culture, souvent inconsciente, que l'on retrouve dans les rapports sociaux ; le cercle n'est ni vicieux ni vertueux, il est actif.

C'est bien cette culture de groupe à partir de données biologiques qui a permis à l'espèce de se maintenir dans son environnement hostile. Il conviendrait de vérifier l'existence d'une trace matérielle dans le génome humain de cette nécessité de vivre en groupe, de créer de rapports sociaux. Je ne désespère pas de cette découverte. Nous sommes programmés génétiquement pour vivre en groupe.

Une espèce programme en effet génétiquement ses individus à vivre en groupe comme à être en compétition entre les individus dans ces mêmes groupes, comme elle les programme à être en compétition avec les autres espèces pour l'exploitation d'une ressource commune (l'eau par exemple).

Les rapports sociaux sont le construit d'une espèce (humaine, dans le cas qui nous intéresse) qui dispose des capacités biologiques nécessaires et suffisantes pour cela. Ceux-ci construisent cette même espèce humaine dans ses rapports sociaux comme dans les comportements des individus de cette espèce. Savant mélange.

Tout biologiste sait que les rapports sociaux ne se résument pas à la contrainte biologique de vivre en groupe, mais il peut penser que celle-ci est première et qu'elle est une fondation pour les autres rapports sociaux. D'autres espèces ont des rapports sociaux et sont, semble-t-il, programmées pour vivre dans des rapports sociaux qu'ils entretiennent constamment. La hiérarchie d'une meute de loups crée et réalise des rapports sociaux qui permettent à cette meute de survivre. Les rapports sociaux sont aussi des rapports de compétition entre individus et font partie des spécificités de cette espèce.

Les sociologues n'aiment pas la comparaison avec les autres espèces qui sont programmées pour vivre en groupe (ou en société) comme les abeilles ou pire les fourmis (nous parlons rarement des termites), les mammifères qui nous sont plus proches sont moins décriés.

La pensée analogique, celle qui compare des comportements, des situations… etc., n'est certes pas suffisante pour justifier une explication ou une tentative d'explication, mais il n'est pas pertinent de la soustraire de l'arsenal de la compréhension d'un phénomène observé. C'est aussi un des mécanismes de la pensée exclusive qui passe par le fait de nommer un phénomène pour le classer, pour mieux l'exclure.

Mettre un nom sur une forme de pensée, c'est aussi pouvoir l'exclure. Des milliers de conversations, scientifiques ou non, débutent par cette mécanique de l'esprit.

Ce qui pose problème pour les sciences sociales, c'est que l'on puisse penser une donnée naturelle (la compétition) de l'espèce (sur le long terme) comme une catégorie sociale, un concept (sur le court terme). Cette transposition d'une attitude à un concept dans le temps servira à justifier la reconnaissance éternelle de cette donnée comme fondement des rapports sociaux. Elle naturalisera l'institution (le court terme) qui cherche cette justification de la permanence de son existence ; les domaines politique ou religieux illustrent bien cette tendance. Ceci signifie qu'elle ne peut pas être changée, qu'elle est là pour toujours et depuis toujours.

En matière d'institution sociale, la notion d'éternité n'est pas pour l'instant pertinente, sauf dans le discours religieux, et encore, depuis peu.

La notion d'éternité pour les espèces ou les individus n'est pas non plus d'actualité. C'est pourtant une des tentatives permanentes des systèmes sociaux installés que de faire croire à leur permanence. Les religions sont en bonne place dans ces tentatives d'hégémonies territoriales et temporelles alors qu'elles sont en compétition entre elles et définies dans une durée relativement courte au regard de l'espèce humaine.

Le langage est nécessaire à l'invention et à la mise en forme de(s) Dieu(x), comme l'écriture aux religions du livre (logique) et si le besoin d'un sentiment religieux est une constante humaine, rien ne rend constante une religion particulière. La notion de temporalité longue est à éliminer pour protéger le caractère presque éphémère d'une religion.

Ce qui pose problème pour les sciences naturelles dans la compréhension de la compétition, c'est qu'il existe une construction sociale qui a une influence sur les comportements individuels. Une société humaine peut concrétiser, sous forme de lois, la compétition entre les individus, en l'interdisant, en la régulant ou en l'encourageant. Ceci implique une toute autre dimension temporelle d'observation que celle généralement utilisée dans ces sciences naturelles qui peuvent travailler sur la continuité ou la durée de l'espèce.

Les traces matérielles que les technologies de l'observation en sciences naturelles permettent de prendre en compte, n'existent pas pour les sciences sociales, l'anthropologie mise à part.

Les sciences sociales ou humaines ont du mal à intégrer dans leur démarche une notion trop longue de temps. La construction sociale n'est pas pour ces sciences une donnée de l'espèce inscrite dans le temps mais un fait observable immédiat. La reconnaissance d'une construction sociale comme donnée biologique constante, reviendrait à dire que ces sciences sociales sont une partie de la biologie, donc des sciences naturelles, idée difficile à faire accepter.

C'est en fait une évidence, les rapports sociaux font partie de notre biologie, même si la biologie n'appréhende pas tous les rapports sociaux, en particulier ceux de l'immédiat.

On peut faire remarquer que la construction sociale est une donnée de l'espèce et que donc les individus construisent des rapports sociaux qui, à leur tour, construisent les individus. Ce n'est pas une boucle close, mais plus une spirale en mouvement dans le temps, qu'on peut qualifier d'évolutive.

J'adore à ce propos me faire traiter d'évolutionniste par mes collègues !

Dans le cas de la compétition, le caractère naturel de celle-ci serait, pour certains économistes ou sociologues, une justification d'un système politico-économique. Par exemple, la compétition sportive serait naturelle et justifierait l'existence de l'institution sportive puisque la compétition est, en elle-même, naturelle. Il en serait alors de même de l'ensemble des pratiques sportives organisées dans les systèmes sociaux que nous connaissons.

Mais il est aussi évident que l'institution sportive n'est pas que la matérialisation de l'attitude de compétition entre les individus, c'est une construction sociale spécifique qui ne repose pas que sur la notion de compétition entre individus. Les notions de groupe social complexe, comme celle de nation par exemple, interviennent parfois puissamment dans les compétitions sportives. La complexification des sociétés humaines permet aux institutions de se matérialiser et de se croire constantes.

Le raccourci qui consiste à éliminer toutes les contraintes sociales, l'histoire du corps dans les sociétés humaines, la construction d'organismes sociaux spécifiques à certaines sociétés, ne peut être satisfaisant pour expliquer la compétition sportive. Il n'est pas possible non plus de faire abstraction de la dimension symbolique de l'observation de ce fait social. La compétition sportive contient une part de compétition au sens biologique mais elle contient beaucoup d'autres contraintes sociales, donc du symbolique et de l'imaginaire.

La simplification qui consisterait à éliminer l'attitude compétitive entre les individus parce qu'ils sont pris dans des rapports sociaux n'est pas satisfaisant non plus.

Les rapports sociaux sont faits de multiples compétitions.

En fait, il semblerait bien que ce soit la querelle politique, donc idéologique, qui empêche de considérer la compétition dans ce qu'elle construit de différent ou de semblable dans les sciences sociales et les sciences naturelles.

Si d'aventure, un biologiste, citoyen comme un autre, justifie sa position politique ou sociale, en transformant une attitude naturelle en catégorie sociale, la querelle n'a pas fini de se propager. Imaginons un biologiste de droite qui naturalise le capitalisme par la notion de compétition entre les espèces, entre les hommes...

Dans le même ordre d'idée, si d'aventure, un sociologue, citoyen comme un autre, justifie sa position politique ou sociale, en niant une attitude naturelle pour ne voir qu'une catégorie sociale, sa vision de l'objet étudié risque d'être incomplète. Imaginons un sociologue de gauche qui naturalise le communisme ou une autre forme anticapitaliste, par le refus de la compétition entre les individus...

Les ethnologues ont pu mettre en avant des sociétés dans lesquelles le refus de la compétition entre les individus d'une même ethnie servait à renforcer le lien social. Cela ne signifie pas que la compétition soit non-naturelle ou qu'au contraire elle soit universelle.

Les Inuits par exemple, lorsqu'ils reviennent de la chasse, font un partage organisé de la viande qui a pour objectif de renforcer le lien social. Certes, le chasseur aura le meilleur morceau, mais celui qui ne chasse pas doit aussi manger. La compétition entre les individus du même groupe n'est donc pas évidente comme loi ou comme règle sociale universelle. Elle peut s'inscrire différemment dans des moments sociaux différents.

Qu'une société décide de restreindre la compétition pour continuer d'exister peut renforcer sa position par rapport à son environnement, sa lutte par rapport à d'autres ethnies, à d'autres espèces, la rendre paradoxalement plus compétitive.

Albert Jacquard, biologiste de gauche, nous montre l'opposé de cette soi-disant universalité de la compétition comme attitude naturelle pour les biologistes. Son refus des conflits économiques liés à la compétition dans les rapports sociaux est bien marqué. Pour lui, la compétition entre les individus d'une même société ou entre des sociétés différentes ne doit pas être un moteur social permanent. Il considère même que c'est une situation dangereuse. Ma recherche sur les résistances au sport et donc sur les différences d'utilisation du concept de compétition sportive sur le plan social, me permet de partager cette vision[11].

Citons la course comme exemple de compétition sportive, processus social et biologique.

Le raccourci qui consisterait à assimiler toute course sportive à la simple reproduction de la course du spermatozoïde vers l'ovule serait à la fois intéressant et peu satisfaisant, mais le rejet pur et simple de cette hypothèse n'est pas non plus pertinent. Pour ma part, je suis persuadé que cette donnée biologique à son importance, ses fondements.

Dans son organisation, la course peut parfaitement illustrer les données de la biologie. Toutes les espèces vivantes ont le plus vif intérêt à exploiter une ressource avant les autres espèces (l'espace, la nourriture, etc.). Les individus d'une même espèce partagent un intérêt similaire à être les premiers arrivés sur une ressource (la transmission des gènes amène à penser l'autre sexe comme une ressource dans le cadre plus général de la reproduction de l'espèce et donc le même sexe comme un concurrent).

Dans un autre domaine, l'étude des arbres dans une forêt est significative de la compétition à plusieurs niveaux : entre espèces d'arbres, ou entre individus d'une même espèce.

- Entre espèces : il est surprenant de découvrir pour un profane sylvestre que les arbres sont en compéti-

---

[11] « Les résistances au sport » Thèse de doctorat troisième cycle, université Paris VIII.

tion sur des espaces communs. Les hêtres contre les chênes, les frênes contre les sapins, etc.

La course entre les arbres est un concept surprenant mais reporté sur la hauteur et non la longueur, il fait sens.

- Entre eux, les arbres, sur un certain espace, sont en concurrence : celui qui grandit le plus vite écrasera l'autre de son ombre destructrice ou protectrice ; la nature est assez finement perverse…

Dans ce cas, la notion de course n'a évidemment rien à voir avec celle, socialement construite de la compétition sportive ; elle est un concept plaqué sur une observation. Elle ne naturalise pas la course sportive organisée ou le saut à la perche par exemple.

La compétition sportive est une construction sociale reposant sur une attitude biologique. Il n'existe aucune contradiction dans l'addition de ces deux dimensions. La compétition sportive est une mise en forme temporaire, par des rapports sociaux organisés, d'un principe biologique simple et permanent. Ce caractère social temporaire ne fait pas de la compétition sportive un principe naturel, c'est même tout le contraire. La course telle que nous l'observons dans les Jeux Olympiques est plus lourde de contraintes sociales organisées que de contraintes biologiques. Les deux sont pourtant présentes simultanément.

L'enjeu politique de cette querelle peut être en intersection entre les sciences sociales et les sciences naturelles puisque les rapports sociaux sont soumis à cette attitude naturelle et que le scientifique est impliqué dans des rapports sociaux, qu'il soit biologiste ou sociologue.

La coopération

Le terme de coopération entre des organismes est-il plus pertinent que celui de compétition (si on veut bien accepter la comparaison entre des organismes individuels ou sociaux et des domaines scientifiques) ? [12]

La coopération, idéologiquement plus acceptable sur certains chemins de la pensée politico-scientifique, pourrait répondre aux inquiétudes sociales de quelques observateurs si elle rendait compte des phénomènes observés. Ce n'est pas toujours le cas dans les sciences naturelles. La coopération entre les individus humains, c'est-à-dire les relations sociales, est un résultat de l'évolution de cette espèce, pas seulement une donnée culturelle.

On peut idéologiquement préférer la coopération à la compétition entre les individus, les organisations, les sociétés sans pour autant considérer la seconde comme seul mode de présence au monde.

---

[12] Voir aussi Robert J. Aumann et Thomas C. Schelling sur la théorie des jeux, ce qui ne me semble pas très éloigné de ce que l'on peut observer chez les parasites grâce au travail de C. Combes L'art d'être parasite. Flammarion. 2001

Et si les termes de compétition et de coopération pouvaient simultanément décrire des relations différentes entre les organismes, les individus, les espèces ?

La biologie et la sociologie sont-elles en compétition pour comprendre, expliquer le monde, ou au contraire peuvent-elles coopérer afin d'atteindre les mêmes objectifs ?

Les visions de la compétition entre les organismes pour la première ou entre les organisations pour la seconde peuvent-elles, sans risque, se compléter ?

La réponse à ces deux interrogations est bien sûr affirmative si l'on insiste sur le terme compléter.

Dans les sciences humaines, les notions de compétition et de coopération sont empreintes d'une ou de plusieurs idéologies qui rendent particulièrement difficiles leur usage, chacune pouvant faire l'objet d'un très long exposé, qui ne sera que de peu d'utilité pour la biologie.

L'utilisation en biologie des mêmes notions essayera de mettre en œuvre sans pouvoir vraiment l'éviter, une connotation non-idéologique. La notion de *fitness*, par exemple, suppose une dominante individuelle de l'évolution qui tient compte du rapport entre l'individu et son environnement. Cette interaction correspond assez bien à la vision de la sociologie constructiviste, mais le lien entre les deux disciplines ne s'établit pas facilement.

La notion de « style de pensée » que l'on doit à Ludwik Fleck[13] reflète bien cette contrainte idéologique plus ou moins consciente qui touche le raisonnement scientifique et pas uniquement celui des sciences naturelles.

La coopération entre des organismes et les virus qui les infectent, si on fait abstraction de la notion de choix, est bien réelle. La biologie est-elle un virus de la sociologie ou réciproquement ?

Comme dans d'autres domaines, la compétition et la coopération sont présentes entre la sociologie et la biologie ; elles peuvent l'être successivement ou simultanément.

Il faut donc redéfinir prudemment chaque notion avant de la transférer d'un domaine d'observation à un autre pour s'apercevoir qu'il s'agit de concepts qui décrivent des faits différents, mais parfois en intersection ou en complémentarité. La pensée exclusive évoquée plus haut empêche de considérer ces différences.

Les transferts de technologie de l'observation et la restitution de ces résultats sont-ils efficaces d'une recherche à l'autre ?

Nous pensons, Claude Combes et moi, dans la mesure de nos échanges, pouvoir répondre affirmativement à cette question, à condition que ceux-ci soient l'objet de réflexions et de contrôles réciproques, ces derniers pouvant provenir d'autres

---

[13] Ludwik Fleck. Genèse et développement d'un fait scientifique. Les Belles Lettres. 2005

acteurs que ceux impliqués directement dans cette réflexion : les lecteurs, par exemple.

Mais les technologies de l'observation des sciences humaines ne peuvent cependant pas faire l'objet d'un transfert intégral vers les sciences expérimentales tant les rapports à l'observation sont différents. Tout déplacement dans l'autre sens n'est pas non plus possible. La dépendance technologique des sciences naturelles dans les dernières décennies rend encore plus difficile tout transfert vers les sciences sociales.

Je ne pense pas que Claude Combes soit un prédateur suffisamment puissant (encore que !) pour avaler l'ensemble de la sociologie (ce que je ne suis pas), et moi, un prédateur suffisant pour digérer la biologie. Nous préférerons nos repas communs !

La coopération (mais s'agit-il bien d'une coopération ou d'une plutôt d'une compétition ?), dans notre cas, vise une production de savoirs, d'attitudes dans la vie quotidienne, mais elle est aussi soumise aux risques de la vie ou de la science. Si nous pouvons décider de coopérer, nous ne pouvons pas décider des résultats qui découleront de celle-ci. Elle peut en effet se transformer en compétition : qui expliquera le mieux le monde ?

Nous sommes arrivés à la conclusion commune que la coopération pouvait être une stratégie de la compétition. Nous avons pu décider de coopérer pour augmenter individuellement et collectivement notre capacité à mieux expliquer le monde, à le dominer, pour y répandre nos gènes. Notre modestie nous mettra à l'abri d'un tel risque. Elle aurait pu aussi se transformer en rejet ou en refus de coopération. La qualité des vins du Roussillon nous épargnera cette erreur…

La renommée scientifique de Claude Combes est bien supérieure à la mienne, mais cela ne peut pas être une dimension suffisante pour éliminer l'interrogation entre deux chercheurs. Je le remercie d'ailleurs de l'intérêt qu'il veut bien porter à mes réflexions.

Ma contribution à cette coopération entre deux représentants de disciplines scientifiques différentes vise d'abord à la formulation de nouvelles questions par la complémentarité. Je ne suppose donc pas d'emblée qu'elles alimentent une opposition entre ces deux domaines de recherche.

Cette démarche n'est pas nouvelle, d'Edgar Morin et Massimo Piatelli-Palmarini, lors du congrès de Royaumont en 1972, à Luca Cavalli-Sforza plus récemment[14], la sensibilité des chercheurs en sciences sociales ou celle des généticiens s'est employée à découvrir les interactions entre des domaines assez éloignés, voire concurrents. Si nous pouvions alimenter cette dynamique, nous en serions ravis. La compétition entre individus, qui est une réalité dominante, pas toujours une loi universelle, ne peut se transposer entre des domaines de recherches. La biologie ou la sociologie ne sont pas en compétition pour dominer le monde mais pour l'expliquer : les chercheurs peut–être plus en tant qu'individus. La

[14] Luca Cavalli-Sforza. Evolution biologique, évolution culturelle, Odile Jacob, 2005

sociologie et la biologie sont des organisations sociales. Les individus au sein de celles-ci sont différents d'elles mais contraints par elles.

Je ne deviendrai pas biologiste. En revanche, ma vision des rapports sociaux pourra peut-être être changée et l'observateur spécialisé que je pense être, comme l'acteur anonyme des rapports sociaux que je suis, pourra œuvrer à la compréhension des rapports sociaux à l'aide d'outils conceptuels nouveaux. Cette démarche me concerne évidemment comme elle concerne ceux avec lesquels je partage ma vie professionnelle et ma vie privée. Les rapports sociaux dans lesquels vivent le biologiste et le sociologue sont à première vue les mêmes. Leur perception et leur interprétation de ceux-ci peuvent, bien sûr, être différentes, pour de multiples raisons. Ce fait peut aussi parfaitement concerner les lecteurs de cet ouvrage.

Sous forme de provocation, nous pourrions déjà écrire : <Vive la biologie, vive la sociologie, vive la sociobiologie ou la biosociologie !> mais nous ne le ferons pas, simplement parce que nous débutons notre échange et que cette réjouissance est peut-être prématurée.

Le voyage en Inde, enfin

Je ne sais pas précisément comment Claude Combes a abordé cette réflexion en dehors de nos discussions, mais pour ma part, j'ai pris le prétexte de mes voyages professionnels et dans ces déplacements, un aspect particulier qui est celui de la circulation routière, activité sociale récente dans l'histoire de l'humanité.

J'ai soumis à C. Combes ces observations et les interrogations qu'elles suscitent en moi comme il m'a soumis les siennes et, de ces échanges sont nées peut-être quelques idées.

Dans mes voyages professionnels, ceux que j'ai fait en Inde, ont été ceux pendant lesquels, la notion de peur aidant, j'ai découvert l'adaptation d'une règle sociale à prétention universelle, donc une culture, à la règle de la survie, donc de la contrainte biologique.

Je suppose dans cette réflexion que la culture peut être modifiée par des contraintes biologiques et j'essayerai de vérifier la pertinence de cette supposition.

On accepte assez facilement l'idée contraire, à savoir que la culture modifie le biologique, parce qu'elle est une contrainte environnementale qui peut créer, grâce à une action à plus ou moins long terme, des modifications physiques.

L'organisation de l'oreille interne d'un individu, par exemple, est différente suivant la langue maternelle du locuteur. Les fréquences perceptibles produites varient d'une langue à une autre et <construisent> une oreille interne spécifique aux locuteurs de cette langue. Il y a donc bien une contrainte environnementale, une culture (la langue concernée), qui modifie un organisme. Dans ce cas, la modification se fait sur le court terme, mais il s'agit bien là d'une modification du biologique par le culturel.

Européen moyen, à peine sorti du bâtiment moderne de l'aéroport international de New Delhi et de son impression relative de sécurité, je suis entré dans la circulation automobile indienne. Cette introduction m'a fait douter du respect d'une règle sociale internationale à laquelle je croyais naïvement, celle du code de la route (je ne suis sûrement pas le seul observateur de ce viol).

J'ai donc essayé de comprendre, dans ce désordre constatable[15], ce qui régissait les comportements sur cet espace social particulier.

Après quelques moments de réflexion (une ou deux années), il m'est apparu que la notion de préservation

---

[15] J'apprendrai plus tard qu'il s'agit d'un « chaos déterministe : *un faux désordre, obéissant à des lois mais d'apparence erratique et imprédictible* » selon Marie Farge in Chaos et déterminisme sous la direction de Dahan Dalmedico.

de sa propre vie, ajoutée à celle d'efficacité du déplacement préside à l'organisation de ce désordre apparent, l'efficacité du déplacement étant un principe premier économiquement valide. Notons au passage que l'utilisation du terme « sa propre vie » fait référence au fait que chaque individu, dont moi-même, est attentif à la vie, à la sienne comme à celles des autres.

Cette hypothèse ne m'est pas apparue immédiatement au contact de la circulation urbaine, dans laquelle la notion de danger est moins évidente, mais en vivant la circulation hors des villes, entre les villes, hypothèse d'ailleurs vérifiée par les statistiques indiennes ou vietnamiennes des accidents routiers, plus mortels que ceux en ville.

La conduite automobile est dans tous les pays du monde, un exercice assez périlleux, dans lequel il est dangereux de se lancer quand on est débutant que ce soit culturel au sens du pays visité ou culturel au sens de la conduite d'une automobile ou d'un deux roues.

La notion d'habitus développée par Pierre Bourdieu en sociologie peut prendre ici tout son sens, puisque l'apprentissage de la conduite d'un véhicule est bien une nouveauté sociale qui s'incarne dans des gestes quotidiens, un acte de culture récent dans l'histoire de l'humanité. La conduite d'un véhicule, comme la circulation sur un axe routier, est une activité spécifique et très récente de l'espèce humaine qui ne doit pas encore avoir un impact immédiatement visible sur l'évolution de l'espèce humaine alors qu'elle en a de très importants sur les individus et les groupes sociaux auxquels ces derniers appartiennent.

Remarquons, par exemple, que la position assise, dans les transports en général, produit chez les pratiquants des discopathies, conséquences immédiates sur les individus d'une pratique sociale. La mesure de l'impact sur l'espèce de cette pratique sociale demandera un peu de patience. L'approche anthropologique confirmerait la fragilité de la colonne vertébrale au niveau des lombaires, puisque la position debout issue de plusieurs centaines de milliers d'années est dans beaucoup de sociétés développées remise en cause par la position assise et particulièrement par la conduite automobile. Claude Combes me fera remarquer que la position debout chez l'homme vient de la position à quatre pattes, donc qu'elle n'est peut-être pas achevée non plus.

Un exemple plus précis de l'apprentissage culturel dans le domaine de la conduite automobile est celui de l'usage de la ceinture de sécurité et du geste qui l'accompagne.

Pour beaucoup d'Européens, d'une tranche d'âge donnée, ces gestes sont maintenant des réflexes bien intégrés et sont le produit d'une éducation forcée à plusieurs niveaux (répression, amendes, explications sur la sécurité). Ils ne sont pas des réflexes naturels mais semblent cependant l'être devenu dans le système culturel européen de la conduite automobile. Le processus d'éducation forcée a été bien oublié, même s'il est raisonnable d'y ajouter une auto-persuasion liée à la sécurité de sa propre personne pour chaque automobiliste. Il ne s'agit pas d'une tendance naturelle puisqu'elle nécessite une éducation, donc une culture. L'apparente incohérence comportementale des automobilistes de tous les pays n'est pas à démontrer. Le rapport qu'un individu entretient avec la conduite produit chez lui des comportements d'une rationalité diversifiée. Jouer avec le facteur de mort inclus dans la vitesse de déplacement, est une production naturelle d'adrénaline satisfaisante pour cette part de notre cerveau archaïque qui n'a pas toute sa raison.

La sécurité se gère aussi comme une culture.

Dans de nombreux pays non européens, il est encore surprenant pour le chauffeur (et cela l'est encore plus quand si le passager est assis à l'arrière du véhicule) de voir son passager étranger chercher, puis attacher sa ceinture de sécurité. La contrainte sécuritaire d'État, intériorisée chez les Européens, n'est pas encore complètement à l'œuvre chez les Indiens, les Vietnamiens, les Chinois, ou autres nationalités. Les constructeurs automobiles ont rapidement mis au point des systèmes sonores qui obligent l'automobiliste à boucler sa ceinture. A lui, alors, d'inventer un système qui bloque l'avertisseur sonore… Récupérer une boucle métallique usagée, en coupant le tissu de la ceinture et laisser cette boucle dans le système de blocage est une des possibilités de contourner techniquement ce rappel à l'ordre imposé, pratique constatée dans un véhicule de gendarmerie nationale française. Il existe bien d'autres façons de contourner la loi (?). La sensation de sécurité se télescope alors avec celle de liberté et cette part irrationnelle attachée à la mobilité y trouve un compte facile.

La conduite automobile est donc un processus culturel, un apprentissage social, dans lequel la culture et la contrainte biologique s'entrecroisent. Il existe une contradiction entre l'aspect culturel de la sécurité assurée par l'État, monopole difficilement contestable, et l'auto-organisation[16] sécuritaire pour des raisons de survie et de contrainte économique.

Dans le cas de la conduite automobile européenne, la sécurité devient un acquis culturel. La protection des gènes d'un individu est devenue une affaire, un monopole d'État. Elle est prise en charge par celui-ci, au travers de son système éducatif et répressif. Tel n'est pas encore le cas dans tous les pays de la planète.

Pour beaucoup de nos interlocuteurs professionnels de la route, interrogés sur le port de la ceinture, il est, au premier degré, plus question de liberté que de sécurité. Mettre sa ceinture de sécurité est synonyme d'abandon de sa liberté individuelle. Argument facilement discutable mais …

Mais, la contrainte biologique de survie[17] construit ou reconstruit les rapports sociaux de la circulation routière dans de nombreux pays. Ce n'est donc pas le code social (le code de la route), comme c'est le cas dans les pays européens ou aux Etats-Unis, qui couvre presque intégralement les conduites sociales dans la

---

[16] Nous reviendrons plus loin sur cette notion d'auto-organisation.

[17] La notion de survie peut s'appliquer à l'individu comme à la circulation automobile dans son ensemble, un coût trop important en vies humaines ou en perte de matériel rendrait ce moyen de transport peu viable et donc peu utilisé.

circulation. La notion de sécurité routière est mise en œuvre et garantie par ces Etats dits développés et non par des aménagements produits par les acteurs de la circulation, comme ce que nous observons en Inde.

Les usagers indiens (ou d'autres pays) prennent le relais d'un État défaillant, ou insuffisamment développé dans son contrôle de la circulation des biens et des personnes. Les conducteurs remplissent, par leurs initiatives, les incompatibilités entre la règle universelle, le code de la route, et l'environnement dans lequel celui-ci doit être respecté : l'état des routes, les véhicules, le style de conduite, le degré d'éducation ou de socialisation. Cette réinvention se fait, soit parce que les infrastructures routières sont insuffisantes dans leur qualité, soit parce que l'appareil répressif est peu en mesure de l'être. Les usagers recréent leur propre culture sur une détermination biologique : culture contrainte mais partagée dans un cadre autorégulé, culture éphémère, locale, code social réinventé pour correspondre au mieux à l'environnement et ne pas transformer la route en simple cimetière. Le concept d'auto-organisation, sans jeu de mots, pointe peut-être le bout de son nez.

Il ne s'agit pas, dans le cadre de cette reconstruction de rapports sociaux, d'une simple dichotomie entre les pays européens et les autres, au sens géographique ou culturel, mais bien d'une observation commune à plusieurs continents.

La sécurité routière, contrôlée par l'État, est un luxe que peuvent s'offrir des sociétés riches ou suffisamment développées. Le contrôle de l'État n'est peut-être (?) pas total mais il est plus ou moins important. C'est la différence entre le plus et le moins qui constitue le reflet de sa puissance sur ce domaine social et qui est le témoin de la pénétration de l'État dans les comportements des individus. Il faut ajouter, à cette faiblesse de l'État, le constat que ses représentants, police, gendarmerie, sont parfois corrompus et qu'ils prélèvent sur certains automobilistes ou chauffeurs routiers de quoi arrondir leurs maigres salaires.

Cette dernière pratique renforce l'idée d'une absence de contrôle total de l'État et donc une obligation pour les usagers d'inventer des pratiques sociales illégales pour pouvoir continuer leur route. La notion de sécurité disparaît alors puisque les personnes chargées de son application utilisent leur pouvoir pour s'enrichir, non pour éviter les accidents. C'est aussi le retour de la contrainte biologique du parasite sur son organisme hôte. Amis de la sociobiologie, bonjour !

Certains pays européens, sont encore soumis à notre époque à cette auto-réorganisation ou plus simplement au non-respect des règles universelles par les usagers du code de la route. Cela est clairement lié à la qualité de leur infrastructure routière ou à la nature de leur développement économique, au niveau d'éducation, de socialisation des individus. C'est en fait, la capacité de leur structure étatique à maîtriser les infrastructures et le comportement sur ces dernières, qui s'exprime dans le contrôle.

Prenons pour exemple le cas de la Pologne :

La circulation, dans les années mille neuf cent quatre-vingt-dix, par exemple, dans ce pays, présentait quelques similitudes avec celle de l'Inde ou du Vietnam, compte-tenu de la présence d'engins à traction animale sur des routes à grande circulation ou de la très mauvaise qualité de certaines portions routières. Les Polonais « réinventaient » certaines règles du code de la route pour ne pas être trop en danger : le non-respect de la ligne continue centrale permet de s'éloigner des bords de la route, connus comme étant en général dangereux. L'automobiliste français chevauche ou franchit la ligne médiane continue pour un ou trois points de retrait sur son permis et une amende de cent trente-cinq euros.

Il s'agissait en fait des mêmes règles auto-inventées que celles observées en Chine ou en Inde[18].

Depuis les années 2000, la pression des investissements (et les normes européennes qui les garantissent) sur les infrastructures de communication polonaises, oblige, dans les liaisons interurbaines, à des comportements contrôlés par l'État qui sont proches de ceux que l'on trouve en Europe plus occidentale.

Il y a donc eu, en Pologne, en l'espace de dix ans, un processus de prise en charge par l'État de la sécurité des individus (préservation de leurs gènes) et un résultat : le respect, par l'usage de la force publique et des investissements routiers, des règles du code de la

[18] « C'est un phénomène que les évolutionnistes appellent convergence ». Claude Combes.

route comme contrainte culturelle à prétention universelle. La survie des individus dans l'organisation des transports est maintenant contrôlée par les services de prévention, de répression et d'entretien. L'État prend le contrôle des comportements individuels ou sociaux, alors que jusqu'ici les premiers (devenus pratiques sociales) prenaient le contre-pied des règles de l'État incapable d'assurer la sécurité. L'exemple de la Pologne n'est que le résultat d'observations faites lors d' un voyage entre Lublin et Varsovie, pas un mépris particulier pour ce pays. La Roumanie ou la Bulgarie présentent quelques similitudes dans les faits observés.

Les pays européens, plus en avance dans l'organisation et le contrôle de la circulation routière, ne peuvent cependant pas afficher un respect complet des règles de cette circulation. Le nombre de faux permis de conduire, celui de personnes roulant sans assurance, les nombreux excès de vitesse ou infractions, prouvent la prétention des Etats à contrôler intégralement les mouvements de leurs populations sur les infrastructures routières.

La construction des rapports sociaux par la contrainte biologique n'est pas une nouveauté. De nombreux rapports sociaux sont soumis à cette règle. La contrainte de la reproduction de l'espèce ou de la recherche de nourriture en sont des exemples. Ce qui est nouveau dans le cas que nous présentons, c'est le résultat réorganisé de la contrainte sociale par la contrainte biologique de sécurité et de survie que sont les rapports sociaux dans la circulation routière.

Le code de la route est une contrainte sociale à prétention universelle. Il permet les échanges dans les rapports sociaux à l'échelle planétaire avec un objet technique lui-même de la même dimension : l'automobile. L'incapacité d'un système institutionnel à couvrir ou à contrôler l'ensemble des rapports sociaux, à un moment donné, lorsque des enjeux de vie ou de mort sont présents, produit une résurgence des contraintes biologiques et une organisation sociale liée à celles-ci.

Il s'agit bien d'une organisation sociale puisque partagée par des individus qui poursuivent les mêmes objectifs d'échange, de mobilité. L'efficacité économique dans les échanges entre les hommes est dominée par la contrainte de la survie mais reste présente, très présente. La contrainte biologique de la survie n'exclut pas la contrainte économique des échanges, elle en fait partie.

Les contraintes culturelles, sociales, environnementales, qui sont, après une contrainte biologique, la base habituelle du maintien des rapports sociaux, sont occultées sur les routes indiennes, dont le cas nous intéresse en particulier, mais aussi sur les voies d'autres pays. Une nécessité biologique de sécurité, donc de survie se met en œuvre, en contradiction avec l'obligation culturelle : celle du code de la route. C'est une perspective renversée par rapport à ce que l'on peut observer dans d'autres cas, comme quand la contrainte culturelle prend le pas sur son pendant biologique, quand le code de la route, par exemple, devient une contrainte obligatoire qui empêche la compétition directe entre les individus. Attitude périlleuse sur la route, cette compétition est empêchée, en théorie, par l'Etat. On en revient donc à la raison première déjà évoquée : la préservation des gènes que la culture (l'Etat) fait oublier, tout en faisant croire que c'est elle (Lui) qui naturalise les rapports sociaux.

Un observateur extérieur mettra sur le compte de la culture indienne (ou autre) le désordre apparent de la circulation routière. Ce n'est pas entièrement faux, mais cela ne constitue pas une raison unique. Nous avons souvent entendu invoquer le fatalisme indien comme explication comportementale sur les routes. Cette dimension n'est pas à exclure mais elle ne se suffit pas à elle-même. Il serait, sinon, impossible de retrouver dans des pays de cultures assez éloignées, la Chine, la Pologne et l'Inde par exemple, les mêmes réorganisations ou auto-organisations. Le fait constatable d'abandonner la voie la plus proche du bord de la route pour en occuper le centre est fréquent aussi en Roumanie, en Bulgarie ou en Turquie. Une configuration autoroutière à trois ou quatre voies produit des comportements qui reposent sur la même logique de préservation de la vie. L'observation effectuée montre que la configuration routière induit les placements sur les voies de circulation mais que s'ils sont différents suivant les configurations routières, la logique de survie reste la même.

Ce cas de figure de circulation autoroutière est d'ailleurs à la base de notre réflexion commune sur la biologie et la sociologie. Nous avançons l'idée que le désordre constatable n'est en fait qu'une organisation différente, répondant à des règles assez strictes et surtout indispensables à la survie.

La contrainte biologique, crée de nouveaux rapports sociaux, une nouvelle culture, une remise en forme de ces derniers, contraires à ceux d'une organisation plus générale, issue de contraintes de développement de l'espèce à un moment donné de son histoire.

Schéma comparatif de la circulation en Europe, en Chine ou en Inde sur l'autoroute :

Modèle européen Modèle chinois ou indien[19]

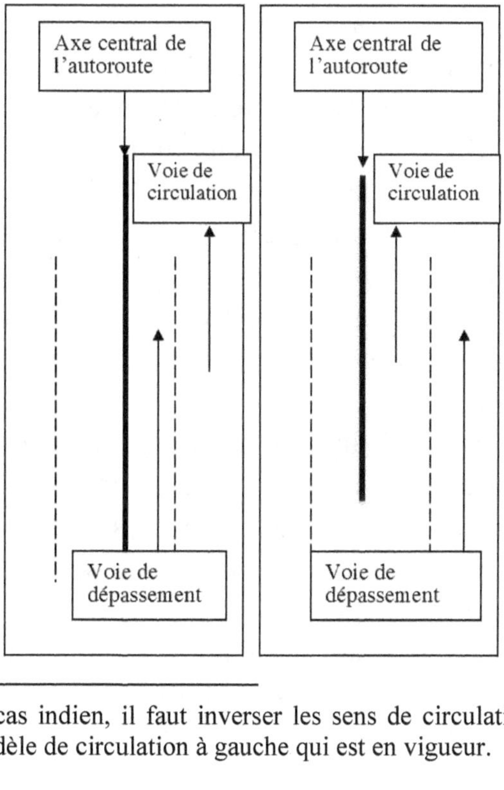

[19] Dans le cas indien, il faut inverser les sens de circulation puisque c'est le modèle de circulation à gauche qui est en vigueur.

Dans le modèle européen, la voie de droite est la voie de circulation normale. La voie de gauche est celle du dépassement. Le code de la route définit chacune des voies de circulation comme étant légale ou illégale au travers de dénominations précises. Elles ne sont donc pas laissées à l'appréciation des usagers.

Dans l'autre modèle, la voie habituellement réservée au dépassement devient la voie de circulation normale. Sur les parties réservées à la circulation établie comme étant normale, les dépassements sont courants alors qu'en Europe, ils peuvent faire l'objet d'une sanction et d'une manifestation de colère de la part de celui qui est doublé du « mauvais côté ».

La réalité juridique internationale de cette règle de circulation est rappelée, en anglais, sur les parties les plus modernes des autoroutes chinoises, par les panneaux d'information lumineux qui surplombent les voies. Sans effet trop apparent. Mais ce rappel à l'ordre est en fait une préfiguration de ce que l'État chinois cherche à mettre en œuvre comme mise aux normes internationales. Il est d'ailleurs, à notre avis, étrange de s'adresser aux conducteurs chinois en anglais.

Quelle est donc la raison de cette modification de la règle du code de la route évoquée dans le schéma ?

Ce déplacement sur l'axe central semble le résultat d'une absence de sécurité sur la voie la plus à droite. Il est, en effet, assez fréquent de voir sur cette voie des véhicules de tout type arrêtés, circulant lentement ou à contre-sens. L'image folklorique et dangereuse d'un éléphant tirant, de nuit et sans lumières, une très imposante charrette de foin surchargée sur une autoroute, n'est pas inhabituelle en Inde et fait partie de mon expérience d'usager.

Cette adaptation de la règle semble indispensable pour éviter des collisions déjà fréquentes sur ces axes. Le décalage technologique entre les véhicules présents simultanément sur ces axes de circulation, oblige à quelques adaptations. Elles sont la réinvention d'une règle qui devient non légale, non écrite, mais connue de la plupart des usagers qui en partagent la réalisation.

On pourrait penser que c'est la structure autoroutière qui produit cette adaptation qu'est le rapprochement vers la voie centrale. L'observation d'une structure plus classique à deux ou à trois voies conduit à la même remarque : l'axe central est plus sûr que les bas-côtés de la route, c'est donc vers lui, et en contradiction avec la règle du franchissement de la ligne médiane continue, que les usagers se placent sur les axes routiers.

La mise en place des normes internationales de circulation sur les autoroutes des pays en voie de développement peut prendre quelques décennies mais nous ne doutons pas qu'elle puisse se faire. Au Maroc et plus particulièrement en ce qui concerne la portion d'autoroute qui relie l'aéroport international de Casablanca Mohamed V à la ville de Casablanca, nous avons pu observer cette mise aux normes qui s'est faite en l'espace assez rapide de quatre années.

Le respect, jusqu'alors peu évident de l'interdiction de s'arrêter sur l'autoroute en dehors des aires de stationnement, se constate de plus en plus. Le fait de traverser l'autoroute à pied ou à vélo ou à dos d'âne ne semble plus possible. Le décalage de vitesse entre les types de véhicules interdit leur promiscuité, leur rencontre pouvant être assez sanglante…

La règle sociale officielle du code de la route est donc modifiée par des individus, sous une contrainte de survie ou de sécurité d'ordre plus biologique que social, mais c'est aussi la création d'une règle sociale puisque ces individus partagent la même attitude par rapport à la situation dans laquelle ils se trouvent. Cette nouvelle règle est sociale mais non institutionnalisée. Elle est acceptée, tolérée, par un groupe d'individus, mais pas explicitement reconnue par une société organisée. Cet informel quotidien est une réponse au fossé qui sépare la pratique sociale des supposées règles universelles rendues nécessaires par la diffusion mondiale de certaines technologies, ou plus généralement, par la mise en place d'une urbanisation planétaire croissante et des modes de vie qui y sont rattachés.

Il y a aussi création d'une règle sociale par la notion d'efficacité du transport, donc une contrainte économique.

Si aucune marchandise n'arrivait à bon port, ou si les morts sur la route étaient trop nombreux ce type de déplacement serait sans intérêt.

Il y a donc en plus de la notion de survie, une notion d'équilibre entre les investissements (y compris humains) et les retours sur ces investissements.

La circulation aérienne est très représentative à ce sujet. Les règles de sécurité imposées par ce type de transport ne laisse pas beaucoup de place à la création de nouvelles règles informelles. Le coût en vies humaines, donc le coût économique, d'un accident d'avion ne permet pas à des acteurs très spécialisés d'inventer leurs propres règles. On trouve pourtant, hors des grands aéroports internationaux, des transporteurs aériens pour lesquels la notion de sécurité est plus que relative, mais ces adaptations locales ne sont pas représentatives du modèle mondial.

La notion de sécurité dans la circulation des marchandises et des hommes prendra bientôt un tour tout à fait nouveau puisque la conduite automobile va devenir une pratique entièrement assistée. Ce sont des véhicules, localisés par satellites, bientôt construits par des compagnies informatiques, qui circuleront. Bien sûr, seuls les pays riches pourront s'offrir cet abandon total de leur décision de conduite au profit d'un objectif de baisse des accidents de la route. Les usagers de la route devront abandonner toute forme d'autonomie dans leurs déplacements. Ils seront pris en charge par des applications plus ou moins sûres. Google et Microsoft deviendront les plus grands constructeurs automobiles.

L'exemple du Vietnam et celui de la présence massive des deux roues, sur la voie de droite, roulant souvent plus vite que les voitures ou les camions, est significatif.

Pour pouvoir rouler sans faire d'écarts, le plus rapide et le plus lourd s'impose en klaxonnant ou à l'intimidation du bruit du moteur. Cette présence massive des deux roues oblige les conducteurs de camions ou de voitures à utiliser la voie de gauche et à laisser la voie de droite à ces véhicules plus lents mais plus nombreux. Sans parler du trafic de deux roues dans les villes qui s'imposent contre toutes les normes de circulation, simplement par la loi du flux le plus important. Les villes vietnamiennes sont, le matin, sous cette contrainte d'un flux dominant, sous la pression d'une entrée ou d'une sortie du centre-ville où travaillent ces motorisés. Elles ne sont pas sous l'impératif d'un respect du sens de circulation imposé par les gestionnaires d'une ville mais elles sont guidées par la loi du nombre. Cette observation s'applique aussi aux trottoirs souvent envahis pas les deux roues. La contrainte d'auto-organisation, dans ce cas précis, n'est pas liée à la survie immédiate, donc à la contrainte biologique, mais à la contrainte de survie économique. Il s'agit de pouvoir aller travailler, de toucher son salaire.

Le respect de la personne physique obligerait logiquement le plus fort à ne pas renverser le plus faible. La transformation psychologique d'un individu qui tient un volant est un mélange irrationnel de culture et d'adrénaline.

Le Vietnam paie un lourd tribut humain à la circulation rapide des marchandises qui se traduit par des décès au nombre de dix-huit mille par an. Pourtant, l'aspect culturel n'est pas absent dans cette organisation de la circulation. Le croisement des deux roues dans les villes vietnamiennes reste un mystère pour le Français puisqu'il se fait sans aucune agression, sans regard fulminant, échanges d'injures ou de coups. La part culturelle du comportement est ici évidente. Les Vietnamiens qui circulent sur deux roues et qui se croisent dans les embouteillages s'évitent consciencieusement du regard pour ne pas avoir à s'affronter. Le rôle du regard dans la mise en place d'une hiérarchie entre deux individus, n'est pas une exclusivité humaine, éviter l'affrontement par le refus de croiser le regard, non plus. Le travail de Diane Fossey et d'autres, sur les gorilles a montré clairement l'importance du regard dans la gestion des relations entre les individus du même groupe. Il y a là un savant mélange entre le culturel et le biologique hérité de nos lointains cousins, puisque cet évitement n'est pas une constante humaine.

Le klaxon vietnamien est un instrument plus indispensable que le rétroviseur intérieur ou extérieur. Les cyclomoteurs (de 50 à 125cm3 maximum) sont d'ailleurs équipés de klaxons que les camions européens peuvent jalouser. L'usage de cet avertisseur incite le voyageur averti à ne jamais prendre une chambre qui donne sur la rue dans les hôtels urbains. Voir Joël Thomas et Frédéric Monneyron[20].

Il n'est pas nécessaire d'être biologiste ou sociologue pour observer, dans les pratiques quotidiennes, le non-respect par les individus des règles du code de

---

[20] Automobile et littérature sous la direction de Frédéric Monneyron et Joël Thomas, Presses universitaires de Perpignan, 2005.

la route et ce, dans tous les pays où circulent des véhicules.

La différence entre les infractions au code de la route des pays européens et celles au code des pays en voie de développement ou émergents, est le caractère massif et généralisé de la distorsion entre la règle supposée et la pratique sociale.

Si l'on veut comprendre ce phénomène avec les instruments d'observation et d'analyse des sciences sociales, les concepts de l'analyse institutionnelle peuvent servir à mettre en ordre ce processus d'une activité humaine, ces rapports sociaux que nous observons sur les routes du monde.

Il existe, bien sûr, d'autres méthodes en sciences sociales, mais comme il ne nous est pas possible, par ignorance, de toutes les utiliser, nous en resterons à cette approche. Notre objectif n'est pas non plus de montrer, par un tableau comparatif, la meilleure méthode des sciences sociales. Le fondement de cette réflexion est la comparaison entre les sciences sociales et les sciences naturelles.

- Première constatation dans les pratiques sociales que nous avons observées : La circulation routière est, en théorie, réglée par un ensemble de lois instituées, valable sur l'ensemble de la planète.

- Deuxième constatation : La circulation routière est, dans ses pratiques, réglée par un ensemble de comportements variables, selon les environnements et les individus, qui ne respectent pas les règles universelles.

- Troisième constatation : La circulation routière, malgré ces décalages, reste un moyen d'échange possible entre des environnements et des pratiques différentes. Les règles instituées universelles sont toujours en vigueur même si elles ne sont pas respectées et qu'il s'en invente d'autres.

A ces trois constatations peuvent s'appliquer les trois moments de la construction sociale définis par le sociologue René Lourau[21].

L'institué

L'instituant

L'institutionnalisation

L'institué est, dans le cas que nous observons, le code de la route, l'ensemble des règles et des règlements aux prétentions universelles. Il représente l'idéologie de la circulation libre des marchandises, ce qu'il y a de commun entre les différents pays dans des contextes distincts reliés par des routes, des autoroutes, des ports, des aéroports, etc.

L'instituant, lui, est la pratique réelle de millions d'individus qui se trouvent, par l'aspect unique de cette dernière, en contradiction avec l'universalité des règles, mais pas obligatoirement avec l'idéologie de l'institué : exemple : la circulation mondiale de la marchandise.

[21] R. Lourau (cf. l'analyse institutionnelle. Les éditions de minuit. 1970.)

L'institutionnalisation, quant à elle, est le réajustement des pratiques contradictoires de l'instituant pour les replacer dans le cadre de l'institué. C'est la récupération par les organisations sociales de ces pratiques qui permettent à ces dernières de survivre. Sans acceptation de celles-ci, la circulation serait impossible. L'équilibre nécessaire entre le coût en vies humaines et le coût économique serait rompu sans ces pratiques. La rentabilité des déplacements serait plus difficile à atteindre. Le tourisme, comme première activité économique mondiale, serait impossible sans les adaptations locales des règles universelles.

Si l'on applique cette division temporelle, celle des moments de l'organisation sociale que nous venons de présenter, au phénomène observé, on s'aperçoit que ce processus est assez commun, dans d'autres champs sociaux. Les droits de l'homme en sont un exemple assez significatif.

Les outils d'observation des rapports sociaux dont disposent les sciences sociales permettent une description partielle ou un décryptage lui aussi limité évidemment. C'est d'ailleurs une intersection riche entre les sciences sociales et naturelles que cette interrogation soulève sur cette capacité d'une espèce, à un moment de son évolution ; réflexion organisée sous la forme d'une science sur sa propre organisation. La sociologie est cette interrogation.

A quel niveau d'évolution une espèce est-elle capable de s'interroger sur elle-même, sur son organisation sociale ?

A quel moment de son existence une organisation sociale prend-elle conscience d'elle-même et quand cette même organisation sociale est-elle capable de réfléchir sur elle-même ?

Ces questions ne sont pas sans nous rappeler celles que l'individu se pose sur lui-même au cours de son développement. L'humanité semble bien seule dans cette démarche.

L'apparition de la médecine ou de la philosophie avec des instruments de réflexion différents, bien sûr, nous viennent à l'esprit.

Contrainte biologique, contrainte sociale

La biologie nous montre, et cela semble perturber beaucoup de sociologues, que la préoccupation principale d'un organisme vivant est la préservation et la transmission de ses gènes. L'humanité n'échappe pas à cette règle complexe du vivant, et elle n'est composée de rien d'autre que d'organismes vivants. Dans l'histoire de l'espèce humaine, la complexité de cette règle, celle de la transmission de ses gènes, augmente encore parce que l'existence du groupe nécessaire à son application, crée des rapports sociaux particulièrement difficiles, de plus en plus complexes : une organisation sociale.

La sociologie nous montre que les rapports sociaux sont porteurs de contraintes sociales inventées par l'espèce elle-même, généralement pour garantir la sécurité et la reproduction de ses membres et, par conséquent, de se reproduire comme ensemble vivant, comme groupe cohérent.

Les rapports sociaux ne sont donc pas étrangers à la contrainte biologique. Ils peuvent en être considérés comme une des bases sans pour autant être la seule possibilité d'analyse et la seule explication. La sociologie nous montre aussi que certains rapports sociaux sont devenus autonomes si l'on considère leurs origines. Le monopole de la violence ou celui de la sécurité et de la reproduction assurés par les Etats sont des exemples de cette autonomie acquise par une fonction de l'espèce dans l'évolution des rapports sociaux.

La biologie essaye aussi de comprendre et d'expliquer d'autres contraintes sociales que celles que l'on trouve chez les hommes, organismes vivants en groupe, mais avec d'autres instruments techniques ou conceptuels. Et le transfert des observations entre les espèces vivantes ne garantit pas leur pertinence. La sociologie ne s'intéresse pas directement aux autres espèces vivant des rapports sociaux.

Il y a donc, et c'est le constat que peut faire le sociologue, cumul et interaction de deux contraintes pour garantir la reproduction et la sécurité dont l'espèce humaine a besoin :

- une contrainte biologique née de l'évolution de cette espèce au travers de quelques millions d'années,
- une contrainte sociale née d'une culture plus récente. Dans le cas de l'automobile et de la circulation routière qui nous intéresse dans cet ouvrage, il ne s'agit que de quelques dizaines d'années.

Il y a une influence du social vers le biologique puisque la culture et les règles de vie en groupe peuvent influencer les comportements des individus dans la réalisation de leurs intérêts, de leur survie.

Il y a influence du biologique vers le social puisque la culture est influencée par les individus et leurs intérêts. Le changement de statut de la femelle en femme, ou de mâle en homme, puis les rôles diversifiés des femmes et des hommes selon les cultures, peuvent être considérés comme exemplaires dans ce domaine d'influence.

Prenons un exemple dans les sociétés humaines de la réalisation sociale d'une contrainte biologique : la reproduction.

Le mariage, (institution sociale et donc contrainte sociale), est une mise en forme sociale de la reproduction (contrainte biologique) des individus d'abord, pour et par des rapports sociaux.

Biologiquement, il répond à la contrainte de transmission des gènes sous une forme sociale particulière, variable, inscrite dans le temps.

Socialement, il permet une transmission des biens, garantit la possession ou l'exclusivité d'un rapport sexuel (donc de la reproduction), l'équilibre du groupe, etc.

Cette institution sociale s'incarne dans des formes différentes selon les cultures, subissant des adaptations liées à l'environnement, mais gardant des traits fondamentaux qui sont ceux de la contrainte biologique.

Existe-t-il une « grammaire » du mariage ?

Le mariage, comme la circulation routière (?), est soumis à des réorganisations constantes dans les différentes cultures. Il n'a pas, comme le code de la route, une règle sociale théorique généralisée à toute la planète. Ses règles sont différentes selon les cultures. Ce n'est pas le cas de celles du code de la route (normalement ou en principe ?).

La règle sociale du mariage agit dans un champ culturel limité à la zone de contrôle de cette culture, encadré ou non par une religion.

Le code de la route agit théoriquement dans l'espace global de la présence des échanges économiques, espace plus large que celui du mariage, mais c'est aussi un champ culturel, celui de la mondialisation par exemple, mondialisation de la marchandise et de ses échanges.

Mais peu de sociétés, aussi répressives soient-elles, sont capables d'empêcher toute forme d'adultère (la preuve, c'est qu'il est puni, ce qui serait inutile s'il n'existait pas). De même, peu de sociétés sont capables d'empêcher toute infraction au code de la route.

L'adultère, comme le mariage, semble bien une constante de l'espèce humaine même si cette constante est partagée, elle aussi, dans le cas d'autres espèces.[22]

Cette constatation nous amène à l'hypothèse de l'adultère comme contrainte biologique, à la négation possible, voire nécessaire, d'une règle sociale par le souci de transmettre correctement ses gènes (le terme correctement est peut être plus relatif si l'on considère l'aspect quantitatif de la démarche en particulier chez

---

[22] « Chez les oiseaux, les pourcentages d'infidélité varient de 5% chez les hérons à 70% chez les passereaux » Cité par C. Combes. in Darwin dessine-moi un mouton Ed. Le Pommier 2007.

l'homme par opposition à la femme dont la démarche est plus qualitative).

Les histoires royales ou impériales dans l'espèce humaine illustrent assez bien ces contradictions entre les contraintes dans les comportements sociaux et les impératifs biologiques. La propension des hommes (au pouvoir notamment) à pouvoir se répandre sexuellement dans des harems, des réserves de concubines ou de favorites ou d'employées plus ou moins consentantes, illustre cette pratique partagée avec un certain nombre d'autres espèces vivantes. Les notions de pouvoir et de descendance sont intimement liées. Le pouvoir politique est ici le pouvoir de répandre ses gènes quantitativement, d'assurer sa descendance grâce à des règles sociales ou à leur transgression. On comprend mieux ainsi les luttes sans merci qui guident ceux qui nous gouvernent ou qui veulent nous gouverner.

« La place est bonne ! » dit l'expression populaire mais il n'est pas forcément question de finances. Il peut aussi s'agir de sexualité, de jouissance de sa place dans la hiérarchie du groupe.

L'étude du comportement chez les grands singes, en montrant les stratégies de dissimulation de certaines femelles pour copuler avec des partenaires plus jeunes que le mâle dominant, pose le problème de l'adultère autrement qu'institutionnellement, c'est-à-dire comme régulateur du mariage.

On peut, à la suite de René Lourau, dire que l'adultère ne détruit pas le mariage mais le renforce, car, sans lui, de nombreux couples mariés seraient encore plus en danger, les divorces encore plus nombreux.

L'Italie, système social particulièrement proche de l'église catholique, illustre parfaitement la gestion de la reproduction par une règle sociale illusoire : l'interdiction du divorce.

Comme nous l'évoquions plus haut, il ne faut pas non plus évacuer complètement le plaisir de cette observation (ou alors, il faut classer ce dernier dans une appartenance au biologique ou au social, ou les deux), mais on sait aussi que l'on peut jouir du pouvoir[23].

J'émets d'ailleurs l'hypothèse que le plaisir, l'orgasme par exemple, est une récompense neurochimique mise en place par l'évolution pour motiver l'accomplissement de la reproduction. Mais c'est juste pour me faire plaisir !

Même si, les rapports sociaux comme la fidélité (rappelons qu'il s'agit du premier devoir des époux dans la cérémonie du mariage) ne sont pas garantis dans le mariage, on ne voit pas dans les rues les couples adultères afficher leur volonté de réorganisation de la règle sociale, ce que qui est le cas si l'on prend l'exemple de la circulation routière en Inde ou ailleurs. Il n'y a pas de réorganisation explicite et illégale des rapports sociaux dans l'adultère. La circulation routière est donc, dans le cas observé en Inde ou ailleurs, et comme pour l'adultère, une auto-

---

[23] Pierre Legendre. Jouir du pouvoir. Traité de bureaucratie patriote, Paris, Minuit 1976

organisation conservant la capacité de s'exprimer, sans conscience de s'exprimer comme négative, par rapport à la règle universelle que peu de gens connaissent d'ailleurs, ceci expliquant peut-être cela.

Les examens du permis de conduire n'ont pas les mêmes formes dans tous les pays. C'est un apprentissage culturel qui déroge déjà à la règle universelle.

Son obtention n'exige pas les mêmes savoirs d'une culture à une autre. Dans certains pays, il n'existe même pas. C'est une notion de contrôle de la circulation des marchandises et des hommes, pas forcément la sécurité physique, qui a un coût, qui domine ce rite social. Il en est de même pour le code de la route qui disparaît partiellement de certains États d'Amérique du Nord quand les panneaux de signalisation, de danger ou autre réglementations de vitesse, qui ont un coût aussi, ne sont plus dans le paysage routier. Le bon sens supposé de ceux qui circulent fera loi.

L'adultère n'a pas pour seul moteur, ou pour seule contrainte, la nécessité de transmettre ses gènes. D'autres facteurs plus psychologiques interviennent. Les notions de stratégies pour la transmission s'alimentent dans des formes plus sociales ou psychologiques comme la séduction, la satisfaction de son image, le plaisir etc.

L'organisation sociale de la transmission de ses gènes crée une dynamique particulière que l'on peut représenter comme suit :

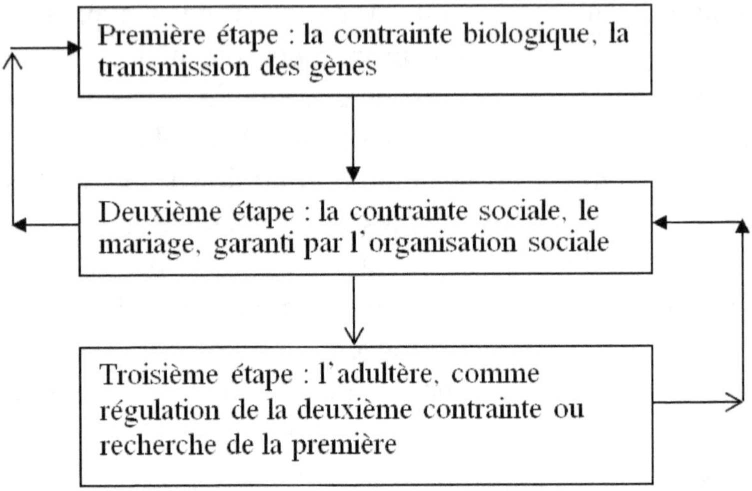

La vision biologique peut se schématiser comme suit :

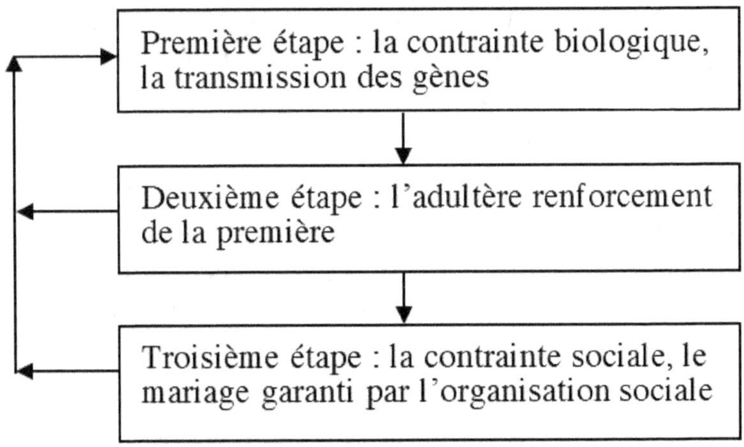

Figure 2

L'adultère est, dans la vision biologique, une constante naturelle de comportement qui garantit une diversité dans la transmission des gènes.

Pour le sociologue, l'adultère est soit un renforcement de l'institution du mariage soit une négation de ce rapport social.

Les rapports sociaux humains vus par le sociologue, renversent le positionnement de la deuxième et de la troisième étape.

Dans le cadre de la circulation routière comme règle universelle, et si l'on exclut la contrainte biologique des migrations pour la recherche de nourriture ou de nouveaux partenaires, le schéma est plus long :

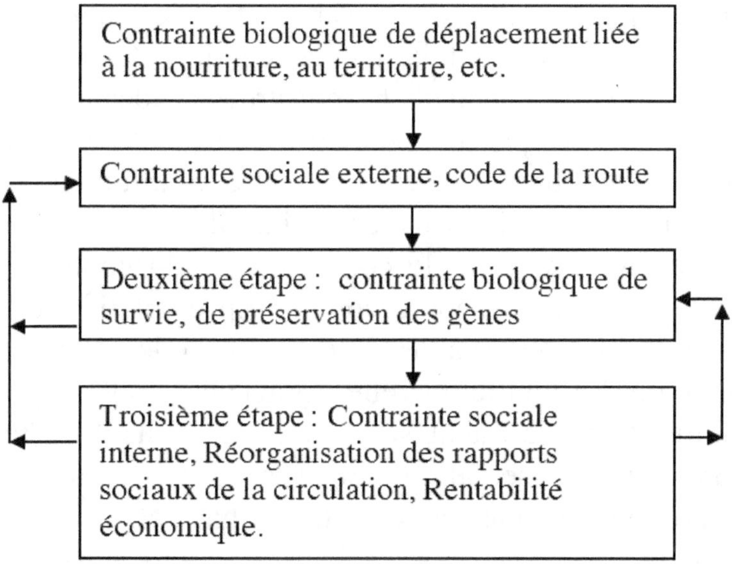

Figure 3

Pour « simplifier » ce cumul interactif, les membres de l'espèce humaine sont capables, par des « mécanismes » ou processus psychologiques encore plus complexes, d'intérioriser ces contraintes sociales, pour les naturaliser, les « symboliser », en faire des règles de comportements transmissibles d'une génération à une autre. La culture devient comme les gènes : une information transmissible dans le temps. Les hommes se sont inventés des techniques, l'écriture, par exemple, pour assurer cette transmission. Le stockage des informations prend le relais et de manière plus rapide encore. La mémoire individuelle y perd son rôle.

Dans la mesure où les hommes sont actuellement préoccupés par la conservation de données, d'informations transmissibles auxquelles ils peuvent avoir accès rapidement, le monstrueux stockage des données et ses progrès permanents risquent de modifier les équilibres, s'ils existent, entre les informations génétiques et les informations culturelles.

Ce mélange entre le code social et la contrainte biologique m'est apparu comme représentatif d'une intersection observable entre la sociologie et la biologie. La vieille querelle des tenants de l'analyse culturelle ou de l'analyse naturelle n'a plus d'intérêt dans cette observation. Elle est aussi inutile et improductive que celle entre l'inné et l'acquis, application de la pensée exclusive. Nous illustrons peut-être l'idée de Luca Cavalli-Sforza selon laquelle l'histoire culturelle et l'évolution biologique ne sont pas indépendantes[24].

Les rapports sociaux souhaités par le code de la route, sont ceux qui devraient organiser ceux entre les hommes sur toutes les routes de la planète de la même manière.

Dans le cas de la circulation routière à l'échelle planétaire, la contrainte sociale comme deuxième moment d'un modèle de comportement des acteurs est à relativiser par la prise en compte du facteur culturel local. Le code de la route est une construction théorique sociale qu'on ne retrouve pas exprimée de la même façon au niveau des institutions sociales d'une culture : l'existence ou non du permis de conduire, la mise en place ou non des panneaux routiers, etc.

On peut penser qu'il existe un fondamental du mariage dans l'espèce humaine et que le besoin de communication ou de relations entre les hommes crée la nécessité d'un fondamental d'échange comme le code la route. La différence des cultures ou des conditions d'environnement physique ou politique produit sur la route (au sens général du terme ??) des décalages et donc des comportements différents. La rencontre entre des individus porteurs de ses décalages ou différences peut être désastreuse. Une adaptation se crée qui permet la circulation des biens et des personnes dans des conditions acceptables sur le plan de la sécurité de la vie comme sur le plan

---

[24] S'entendre dire par un biologiste (toujours le même) que c'est 100% acquis et 100% inné est particulièrement réjouissant.

économique. La notion d'acceptabilité est bien évidemment relative puisque pour un Européen habitué à des règles de sécurité routière plus strictes, le nombre de morts que produit la circulation indienne (ou vietnamienne) est insupportable. Les dix-huit mille décès annuels au Vietnam, pour un pays qui compte une population équivalente à celle la France (3268 morts en 2014 dans ce dernier pays), donne une idée de la différence de contraintes sociales ou de niveau d'équipement de l'infrastructure routière.

On pourrait alors s'arrêter à la notion darwinienne d'adaptation et considérer le problème de ce désordre organisé comme réglé. Nous pensons que cette vision de l'adaptation si elle est à intégrer dans le raisonnement n'est pas suffisante, que d'autres données sont à l'œuvre. En particulier la notion de hasard. Mais, il s'agit d'un « vaste sujet » comme le disait Henri Atlan par exemple.

L'interdépendance de la culture et des contraintes biologiques ne peut se cantonner dans cette seule explication même si elle semble bien présente dans les comportements.

La lutte pour la vie, ou contre la mort, sur les axes routiers se fait dans le cadre réorganisé d'une réglementation sociale inventée par les hommes, sous la pression technologique du développement des transports et des échanges. Cette réorganisation se fait sans aucun texte écrit, sans un système juridique que l'on soit obligé de respecter. Alors qu'en fait, le cadre juridique existe et qu'il permet à la fois de préciser la contrainte sociale et de permettre à la contrainte biologique d'être respectée. La loi, par son respect, doit rendre possible les échanges et permettre la préservation des vies dans ces échanges mais elle demeure largement insuffisante.

Les échanges économiques, qui sont la raison première de l'existence de la circulation routière et donc de la réglementation, sont la réponse au souci de développement des sociétés humaines. L'intervention de la règle écrite (la loi universelle supposée du code de la route) peut s'appliquer lors d'un accident de la circulation. Les compagnies d'assurance, si elles sont concernées,) vont s'y appuyer, pour répartir les responsabilités de l'accident. . Mais il n'est pas certain que tous les véhicules (automobiles ou non) circulant sur les réseaux routiers du monde entier soient couverts par une assurance. Ce n'est déjà pas le cas en France, on imagine alors facilement que cela ne soit pas le cas en Inde ou ailleurs.

Cette notion d'assurance ou de plaque d'immatriculation n'existait pas au Cambodge (constat personnel de 2005). La circulation urbaine et périurbaine y était pourtant importante. Un séjour dans ce pays en 2017 m'a permis de constater une réelle évolution, une mise aux normes internationales. Le port du casque, la présence de plaques d'immatriculation sont maintenant bien réelles dans les villes cambodgiennes.

Les différentes cultures des pays traversés par les axes routiers sont théoriquement soumises à cette réglementation planétaire qu'est le code de la route.

Elles s'adaptent, mais deux contraintes majeures restent identiques : économique et sécuritaire.

C'est autour de ces points communs que les sociétés, différentes dans leurs cultures, leurs langues, leurs symboles, peuvent communiquer, échanger. Sans règles communes, les échanges commerciaux seraient impossibles et il y a donc une obligation de communication entre des individus, des organisations sociales. La mondialisation commerciale est à l'œuvre au travers des symboles internationaux qui règlent les échanges et les transports ; le code la route est un de ces éléments.

Celui-ci est un langage commun qui permet des communications entre usagers d'un espace rendu commun. La route est ce vecteur qui permet ces communications entre les zones économiques et donc les individus.

Le développement des échanges dans l'espace économique met en compétition des cultures différentes qui partagent quand même des intérêts communs et qui doivent réussir une coopération. La réalisation sur la route de ces échanges est riche de ces rencontres improbables entre des acteurs éloignés les uns des autres par de nombreuses différences. Mais pour que ces relations sociales sur la route puissent continuer, il faut qu'un équilibre existe entre ce qu'elles rapportent et ce qu'elles coûtent, la vie étant un des éléments du coût.

La préoccupation de l'homme sur la route, serait alors d'une nature liée à la survie, à sa survie, élément inconscient et actif mais pas unique de son action. Ce n'est donc pas seulement lié à une culture, comme l'est le code général de la route.

Le besoin ou la contrainte de préserver ses gènes, mis en relation avec la nécessité de se déplacer construisent des comportements spécifiques observables basés sur :

- une contrainte biologique : il s'agit de se déplacer pour préserver ses gènes et son activité économique (se nourrir).

- une contrainte sociale : celle de la règle commune d'une communication entre usagers du même espace pour conforter la première contrainte.

Les difficultés de la mise en œuvre généralisée de cette dernière conduisent à des aménagements nécessaires pour respecter la première.

Il apparaît comme assez évident que la contrainte économique est déterminante, que les accès entre les cultures sont obligatoires sur le plan économique, que la notion de sécurité pour l'organisation sociale, est une donnée économique. Il s'agit avant tout de la sécurité des biens échangés, des marchandises, pas obligatoirement de celle des personnes, le tout étant un problème d'équilibre de coût. Tant que les personnes coûtent moins cher que les biens, leur sécurité est moins importante. C'est donc aux individus de recréer les conditions de leur survie.

Dans les sociétés européennes les plus urbanisées, la notion de sécurité des individus est devenue un monopole d'État. Ce dernier est chargé de la sécurité de ses administrés. La sécurité est une culture qui remplace une nature sauf quand l'État est absent, ce que l'on peut vérifier dans ce que l'on appelle les zones de non-droit où la notion de sécurité existe mais ne répond pas aux mêmes critères. Ce vaste débat nous renvoie aux vieilles querelles déjà évoquées mais n'est pas sans intérêt. La psychologie évolutionniste, étiquette récente, penche pour cette « nature humaine », ce qui ne contredit pas la notion de culture humaine car, comme le dit Edgar Morin, nous sommes le résultat de cet entrelacement entre la culture et la nature.

Le code de la route est une production culturelle humaine, dans laquelle la nature humaine s'adapte aux besoins de la survie des usagers.

Mais le code de la route, si sa définition est celle d'un ensemble de règles qui permettent la circulation des ressources nécessaires à la survie ou la vie d'un ensemble social contraint de se déplacer, est une construction culturelle théoriquement nécessaire. L'espèce humaine n'est alors pas la seule à avoir ce besoin et à le mettre en œuvre.

Les individus développent une logique dans laquelle l'équilibre entre la sécurité et la part économique ne crée pas la même organisation. L'estime de soi ne prend pas les mêmes formes d'expression d'un individu à un autre. L'automobile (ou le poids lourd) sont des instruments symboliques au service de cette estime de soi et la capacité d'un individu à la mettre en scène est infiniment variable.

Le roman et le film tiré de celui-ci, « Le salaire de la peur », illustrent bien cette lutte entre les deux impératifs. D'un côté, la notion de gain (le salaire économiquement justifié), de l'autre, le danger, le risque d'un transport de nitroglycérine dans des conditions délicates.

Cette intrusion de la culture populaire dans la réflexion à caractère scientifique que nous proposons est sûrement génératrice de réflexes exclusifs. Tant mieux, c'est une démarche pédagogique.

La route est dans les pays développés, un espace symbolique de liberté (*On the road*) que la notion d'intérêt économique contrarie par une prise en charge de la sécurité des usagers par l'État qui restreint leur liberté. Tous les radars de contrôle de vitesse fixes sont annoncés, en France, par la mention : « Pour votre sécurité ». La règle contraignante de sécurité organisée par un Etat est en contradiction avec la notion relative et symbolique de liberté individuelle d'un groupe social défini.

La notion de contrainte sécuritaire absolue qui gouverne les échanges commerciaux prend toute sa puissance avec le trafic aérien.

Autant la circulation routière fait l'objet d'adaptations douteuses dans le respect de la règle, autant la contrainte sécuritaire du vol aérien oblige à un respect des plus stricts de cette règle universelle récente inventée.

Le respect du code universel de la navigation aérienne ne souffre pas de violation inventive. Certes, les pilotes sont toujours capables de détourner un avion pour des raisons religieuses ou autre pathologie, mais dans l'ensemble le respect du code universel est obligatoire. La route est un espace de liberté dans le voyage aux contraintes limitées. L'air est un espace de voyage lointain ou rapide mais très contraint. La technologie de la voiture même informatisée à outrance reste accessible pour le génie humain du quotidien. La maîtrise des principes de la mécanique automobile est plus simple que celle de la mécanique aéronautique. L'introduction de l'informatique dans la technologie automobile change les possibilités de la maîtrise dans ce domaine. Les règles de la circulation des avions de lignes nécessitent une précision mille fois plus importante que celle de la circulation automobile ; le rapport sécurité-rentabilité d'un accident d'avion n'est pas celui d'un accident de la route.

La dominante du modèle urbain sur la planète impose des fréquences de vols et donc des aéroports qui n'ont rien de commun avec les espaces ruraux si ce n'est leur envahissement par les lapins.

La notion de transports en commun dans les airs ou sur les routes ne requiert pas des capacités semblables pour les opérateurs de ces moyens de transports. La formation des pilotes de ligne, des chauffeurs de bus ou de train ne produit pas les mêmes appréhensions de la sécurité ou du respect des règles. Ces formations sont bien différentes et n'ont pas le même coût. Le modèle urbain, par la vitesse réduite qu'il impose aux usagers, en raison des embouteillages, ne produit pas le même rapport à la sécurité.

Le glissement inéluctable vers une perte d'autonomie du conducteur d'un véhicule terrestre est exactement le même que celui de l'automatisation complète des vols aériens qui se profile à l'horizon. La prise en charge de la sécurité par un système de gestion généralisée des déplacements (contrainte économique et technologique) va de pair avec la perte d'une certaine liberté de se déplacer.

Le choix d'un objet d'observation : pourquoi un voyage en Inde ?

Plusieurs aspects entrent dans ce choix d'objet d'étude.

Nous avons évoqué les circonstances fortuites d'une rencontre avec un biologiste mais d'autres dimensions conditionnent la réflexion que nous menons.

Une première, qui n'intéressera que peu de gens mais dont la réalité et l'influence ne peuvent être écartées sans risque. Si l'influence directe sur le contenu de la réflexion n'est pas sûre, l'influence sur le choix du sujet est certaine.

Est-il possible d'évacuer aussi facilement de la réflexion sur un contenu les conditions d'environnement de ce même contenu ?

Que les relativistes ne se réjouissent pas trop vite, la prise en compte de certaines conditions environnementales ne signifie pas relativité mais une complexité supplémentaire.

Le voyage en Inde est particulier pour un voyageur français superficiel dont le père est originaire de ce pays. Cette dimension génético-affective est présente mais elle n'est pas unique. Elle est une partie du système d'observation, l'implication de l'observateur étant constitutive du thème et de son traitement. Comme j'ai pu l'écrire après plusieurs expériences d'observateur et d'acteur : « l'implication organise l'observation[25] », il semble donc, ici, nécessaire d'en tenir compte.

La part de mes gènes, ou l'idée que je m'en fais, que m'a transmise mon père (et ma mère, bien sûr !) se retrouve sûrement dans le choix du sujet, mais je n'en ai qu'une impression, pas une certitude. Il s'agit peut être simplement de ma part d'une rationalisation, c'est-à-dire d'une mise en forme illusoire, postérieure au mécanisme de pensée sur le sujet. La psychologie, ou pire, (pensée exclusive), la psychanalyse, y trouveront d'autres explications. Elles ne sont peut-être pas infondées et participent possiblement à la construction de ce choix de sujet. Nous n'en vérifierons pas ici la validité.

Cette réflexion sur l'observateur, peut paraître dérisoire en sciences naturelles (ce n'est pas vrai pour tous les chercheurs), mais en sciences humaines elle est indispensable. Si les sciences humaines sont capables de ramener l'observateur dans le champ scientifique, dont il n'est jamais sorti d'ailleurs, cela constitue une source de savoir que l'on ne peut négliger. L'anecdote de la découverte des bactéries sur la planète Mars est une illustration efficace de cette in-

---

[25] P. Bellegarde. Critique de la GRH. Coll. Dynamiques d'entreprises. L'Harmattan. 2005

fluence de l'observateur sur le système observé, ou du phénomène de l'implication de l'observateur.

Après avoir découvert des bactéries sur la planète Mars, les chercheurs se sont aperçus que celles-ci avaient été, malgré des mesures de nettoyage et de désinfection assez draconiennes, amenées par la sonde et les instruments d'observation. L'identification de ce type de différences entre les approches scientifiques peut les rendre plus probantes, alors que leur évacuation perturbe encore plus l'observation et ses résultats.

Les autres composantes de la réflexion sur cet objet d'étude pourraient aussi être intégrées, mais plus délicates, elles demanderaient une ou plusieurs dimensions supplémentaires que nous n'avons pas abordées, la psychologie ou les neurosciences par exemple.

Les grandes migrations de populations depuis plusieurs milliers d'années ont fait les hommes et leurs civilisations qui occupent le globe (heureusement il nous reste à envahir l'espace au cas où nous aurions rendu la terre invivable !). Elles sont le fruit de conditions climatiques, de ressources alimentaires, généralement une contrainte de vie ou de survie en rapport avec l'environnement.

Les échanges commerciaux, en s'appuyant sur les technologies du transport, ont pris, dans les derniers siècles, une ampleur qui modifie la planète et le rapport avec les distances sur cette dernière.

Le choix de cet objet d'étude (les influences réciproques du culturel et du génétique) peut s'expliquer ou pas. Ce qui est intéressant, c'est qu'il met en œuvre la notion d'évolution dans des dimensions bien différentes ?

La nature humaine, si elle est définie sur une base génétique, suit une évolution lente qui se mesure dans des dimensions temporelles que les sociologues ont du mal à prendre en compte.

La culture et les habitus sont eux soumis à des évolutions rapides dans le temps que la sociologie peut observer, plus difficilement la biologie. La neurobiologie permettra sûrement d'observer les modifications hormonales des individus sur un temps très court et il faudra les relier aux variations temporelles d'observation de la sociologie et de la biologie.

La modification des comportements sociaux est donc dans la sphère des temps rapprochés alors que la modification des comportements de l'espèce qui n'est pas une société définie, même si l'homme est un animal social, est dans la sphère des temps longs.

La transmission culturelle (verticale ou horizontale chez Luca Cavalli Sforza) peut être longue dans le cas vertical comme celui de la langue maternelle qui subit des changements lents ou plus lents. Alors que certains apprentissages sociaux, comme la conduite automobile évolue par transmission horizontale. La comparaison entre la modification génétique et la modification culturelle peut s'arrêter à ce stade assez simple, mais leur interaction évidente complique leur approche. La langue maternelle est bien sûr « renforcée » par une présence dans le même milieu linguistique et les modifications de la langue sont relativement lentes ou rapides selon l'échelle de temps que l'on choisit.

Sont donc confrontés deux types d'évolution, ou de coévolution.

Avant de continuer à compliquer la notion d'évolution, il conviendrait peut-être de revenir à la première notion et à la redéfinir par rapport aux nouvelles façons d'aborder les problèmes de l'évolution.

Les sociologues observent des évolutions comme les généticiens ou les biologistes le font, mais leur rapport au temps est bien différent. Les trois susnommés observent le vivant ou l'ancien vivant dans lesquels la dimension temporelle n'est pas comprise de la même manière.

Il faudrait apprendre aux sociologues à raisonner à partir du facteur temps pour l'intégrer dans leur étude des rapports sociaux, mais ils auraient peur de faire de l'histoire pas de la sociologie. Le temps dont il est question ici est bien au-delà de l'histoire. C'est celui de l'espèce humaine, celui dont est constituée l'humanité présente, celle qu'étudient les sociologues.

Il faudrait apprendre aux biologistes à raisonner avec le facteur de leur présence dans des rapports sociaux, mais ils auraient peur de faire de la sociologie.

L'échange commercial n'est pas, malgré la définition d'Adam Smith, une spécificité humaine. L'observation éthologique des animaux ou biologique du parasitisme[26] nous montre que les échanges (hors

[26] Claude Combes. L'art d'être parasite. Flammarion. 2001

langage articulé) servent toutes les espèces, à des degrés divers, bien sûr.

La mise en forme des échanges entre les hommes, donc entre les sociétés humaines, se fait grâce à des systèmes d'équivalence, à des intérêts communs, à des langages qui peuvent se partager, donc des moyens de communication, dont les transports sont une partie.

Les technologies, dont nous sommes dépendants, permettent aux hommes de faire leurs déplacements. Elles imposent un langage commun pour la gestion de ces déplacements, sinon les occupations d'espace et de territoires restent conflictuelles et donc peu efficaces. L'obligation de partager les techniques de réparations ou de maintenance des véhicules fait partie de ce patrimoine commun qu'impose et crée la circulation automobile ou tout autre moyen de transport.

Les rapports sociaux organisés par le commerce nous ont permis de sortir, en partie, du simple rapport prédateur /proie dans lequel la circulation routière pourrait nous cantonner si nous n'avions pas un objectif de consommation partagée. Il reste des prédateurs sur la route cependant, comme il en reste dans toutes les sociétés humaines. Et le changement du volume d'une population de proies, de victimes, est lié à l'activité du prédateur donc à une forme d'auto-organisation de ce rapport proie/prédateur dans la circulation.

Les migrations actuelles de populations sont toujours porteuses de risques de conflits mais les règles de la guerre ne sont plus les seules expressions possibles pour les échanges conflictuels entre des cultures ou des sociétés. L'économie et la culture sont vectrices d'expansion sans agrandissement de territoire direct. On n'envoie plus seulement une armée mais des représentants de commerce ou des touristes. Cette configuration n'est pas nouvelle mais son caractère massif l'est.

La diffusion de la musique dans les systèmes de transmission (TV, radios, Internet) est un exemple de cet agrandissement de la culture au niveau planétaire.

La négation de la musique par certaines cultures en quête de survie montre, comme le refus de l'économie du tourisme par les mêmes groupes, la preuve de cette expansion planétaire sans déploiement d'armées.

Si les groupes terroristes visent les aéroports, les moyens de transports, les hôtels internationaux, les zones touristiques, c'est l'expression de la diffusion de normes internationales d'échange et de circulation de toute sortes de marchandises qui s'exprime. Massacrer les auditeurs désarmés d'une salle de concert c'est y viser aussi la musique (comme on peut viser le dessin). Le rock'n'roll et la musique classique européenne sont des marchandises comme les autres, démonstration culturelle agréable ou non d'un modèle social. Si des groupes armés sont en mesure de prendre pour cibles ces espaces, c'est bien parce qu'ils sont dérangés par l'établissement d'échanges généralisés qui brisent leur culture de référence. Il ne circule pas que des véhicules motorisés sur des routes goudronnées, il y circule des symboles culturels.

L'expression universelle d'une règle qui permet les échanges de marchandises dont nous avons tant besoin pour goûter au bonheur sur terre est une nécessité. Elle s'exprime, en partie et en particulier, dans la réglementation internationale des transports.

Dans les transports, d'une manière générale, le quadrillage quasi total de la planète nécessite un code commun pour que les échanges soient possibles. L'aspect particulier des transports routiers est ce terrain d'observation d'un code partagé par les hommes qu'on peut mettre en évidence. Il s'agit bien d'une institution sociale, mais elle est traversée, travaillée, par la culture et la vie.

Le considérable développement des transports routiers est permis par la garantie de sécurité sur les moyens de communication que sont les axes routiers. Les États sont là pour garantir la libre circulation des marchandises, ce qui constitue la plus belle contradiction idéologique du libéralisme. Sans l'intervention de l'État, la marchandise n'est pas libre de circuler. Dans le cas contraire, ce sont des groupes armés, mafieux ou non qui régulent la circulation des marchandises.

Les territoires en guerre sont les témoins d'une circulation difficile mais d'une circulation toujours active. Les armes y prospèrent.

La sécurité des transports se comprend sur deux domaines :

Le premier étant celui d'une relation de l'axe de transport avec son environnement et le second, celui, d'un rapport de l'axe de transport avec lui-même, sa propre rentabilité.

Le premier, c'est la garantie que les espaces traversés sont sûrs : états des routes, pirates, voleurs, conditions géologiques, climatiques, de faune, etc.

Le second, c'est la connaissance partagée et le respect de règles par les usagers qui évitent un trop grand nombre d'accidents entre les véhicules ou êtres vivants qui empruntent cet axe. Une certaine fluidité rendant cet axe rentable en termes de temps et de qualité de la marchandise.

Le code de la route est donc cette production humaine, culturelle, partagée (en théorie) par tous, qui permet la circulation sur un axe de transport routier, dans un environnement donné et dans des conditions de fluidité et de sécurité.

Son universalité comme institution sociale construite n'a d'égales que les particularités de son exécution sur le réseau routier qui, lui, est une transversalité entre des sociétés différentes. Ce décalage entre la règle universelle supposée et son application doit intéresser l'observateur des rapports sociaux humains, le sociologue, comme le biologiste. Il contient et transcende les différences entre les cultures entre des civilisations assez éloignées mais mises en relation obligatoirement par l'interdépendance de leurs technologies. Oswald Spengler est dépassé avec ses systèmes de civilisations cohérents qui s'affrontent. Certes, les cultures de la route sont différentes suivant les territoires et le prix de la vie n'est pas le même partout, mais la résistance aux valeurs occidentales de la circulation comme instrument de liberté du déplacement individuel ou comme instrument de fourniture de marchandises ne s'exprime pas en choc de civilisation. Sans un minimum de coopération entre des individus armés de puissantes mécaniques capables de réduire la vie, la circulation devient impossible.

Ce n'est pas qu'une règle sociale, mais c'est aussi une règle sociale.

L'utilisation récente des véhicules plus ou moins lourds comme arme de destruction (mobiles ou stationnés) lors d'attentats terroristes le montre sans ambiguïté.

Les sociétés dans lesquelles l'État est suffisamment puissant pour ne pas laisser s'installer une détérioration du réseau et empêcher la transgression des règles, peuvent afficher des niveaux d'entretien de leur réseau routier ainsi que de leur parc automobile qui concourent alors à une plus grande sécurité de la circulation.

La sécurité routière peut même devenir l'expression politique d'un enjeu pour un État. Les indicateurs de mortalité sur les routes sont un signe de réussite d'une politique étatique, donc réduire les morts devient un objectif pour les politiques en exercice au niveau national, rarement local. Il est d'ailleurs intéressant que les candidats aux fonctions exécutives n'affichent jamais comme programme politique la réduction des morts sur les routes. Ils prendront la sécurité routière en charge quand ils seront au pouvoir ; le rapport symbolique est difficile à établir mais semble présent. Enoncer la réduction de la vitesse n'est pas un bon argument électoral. Il est plus prudent d'attendre d'être élu pour le faire.

La voiture est un symbole, c'est-à-dire plus qu'un objet utilitaire, Roland Barthes[27] nous l'a bien montré. Le rapport que les différentes cultures entretiennent avec la circulation est un usage de la liberté individuelle bien encadrée, dans les sociétés riches ou puissamment industrialisées. C'est aussi un signe de la liberté du commerce pour les camions ou les voitures qui sont transportées parfois sur les camions. Le flux logistique qui consiste maintenant à stocker dans les camions roulants et combien polluants est celui de la liberté du commerce garantie par l'État. Le charmant paradoxe d'un poids-lourd transportant un autre camion de la même taille est plein de mystère pour les usagers des autoroutes, les camions transportant des voitures sont plus faciles à comprendre.

Toutes ces observations de la circulation routière peuvent être faites par le biais d'une comparaison entre la sociologie et la biologie. Expliquer le nombre de morts dans un pays comme le Vietnam sur la base d'un rapport symbolique qu'entretiennent les individus avec la puissance mécanique et de celui de la préservation de la vie des individus n'est pas sans fondement. Le plus coupable est toujours le plus lourd, le plus puissant.

Mais cette psychologie et ces comportements ne peuvent s'exprimer que dans un cadre social particulier. Les routes anglaises sont beaucoup plus

---

[27] Roland Barthes. Mythologies. Le Seuil. 1963

sûres que les routes portugaises ou françaises. Notre très darwiniste capacité d'adaptation ne nous empêche pas de circuler dans des conditions sociales différentes. Il y a donc un facteur commun qui permet de répondre à la nécessité de circuler et qui n'est pas dépendant des conditions sociales.

Le lien avec la biologie que j'ai pu envisager avec la biologie et que je soumets à la réflexion du spécialiste du domaine, repose sur le constat que l'application (ou non) de la règle universelle supposée du code de la route se fait autour de la contrainte de la préservation de la vie, en intégrant celle-ci dans un socle de valeurs culturelles qui varie d'une nation à une autre, d'une civilisation à une autre ou d'une culture à une autre. Autrement dit, les comportements sociaux sont soumis à des contraintes biologiques, comme les contraintes biologiques sont soumises à des contraintes sociales.

La vie et la mort des individus, réglées par les besoins du commerce, ou plus généralement des échanges, ne sont pas une nouveauté. Une approche réductrice grâce à la biologie et, plus particulièrement la sociobiologie, pourrait nous faire comparer la circulation des marchandises chez les humains à la circulation des stocks de nourriture chez les fourmis ou les termites. La comparaison n'est pas toujours fausse[28] mais sa pertinence au-delà de l'image demande une très grande prudence, ceci ne remet pas en cause l'excellence du

[28] Voir Alain Tarrius Les fourmis d'Europe : migrants riches, migrants pauvres et nouvelles villes internationales. L'Harmattan. 1992

travail d'Alain Tarrius qui voit ces processions de voitures surchargées sur les autoroutes comme des processions de fourmis. L'image reste riche pour décrire ce phénomène de transports plus ou moins légaux par des humains, le code qui les régit n'a pas de prétention universelle mais il traverse bien la planète.

La découverte récente des règles de circulation des fourmis pour le transport de leur nourriture, nous rapproche des deux axes évoqués plus haut : la sécurité dans les transports et l'efficacité :

1) Le système de protection de ces insectes par rapport à l'environnement et aux prédateurs éventuels pendant le transport est assuré par les fourmis soldats qui sont dispersées tout au long de la route (qui est d'ailleurs le chemin le plus court entre la fourmilière et le site ressource où se trouve la nourriture. Quelle logique gouverne ce calcul ?

Nous recommandons d'écouter ou lire, à ce propos, les remarques citées par JC Ameisen sur France Inter le 31/8/2013 sur l'organisation du transport dans une fourmilière.

2) Le système de régulation de la circulation de ces mêmes insectes qui laisse le plus chargé comme prioritaire par rapport à celui qui l'est moins ou pas du tout. Dans le code de la route de l'espèce humaine, on retrouve une règle de priorité équivalente dans les montées difficiles de certaines routes de montagnes où les camions sont obligés de se croiser[29].

---

[29] Article R414-3 du code de la route français

Le code de la route est l'organisation d'une coopération consciente par l'apprentissage entre des personnes, celles qui le respectent, comme celles qui inventent de nouvelles règles ou de nouveaux usages pour pouvoir circuler. Sans cette coopération, la circulation est bloquée ou trop dangereuse. Chez les fourmis, l'organisation de la circulation est portée par une information génétique, non par l'apprentissage. La prise d'habitude que constitue l'obligation de la coopération chez les humains est une forme de socialisation supplémentaire ou le rapport de force devient insuffisant, sauf dans certains cas où il reste dominant par son évidence. Un camion de plusieurs tonnes n'est pas aussi soumis à la règle de la priorité qu'un vélo sur une route de campagne. C'est en général le vélo qui se libère le plus de la règle mais dans l'espace urbain, seulement quand il n'y a pas de rapport de force en jeu. Sur une route, le facteur poids et la vitesse imposent au vélo de respecter le plus fort, pas le code. Il est plus facile à un vélo ou à une petite moto de remonter en sens inverse une rue ou une route. Cela est plus rare pour un camion chargé. La possibilité pour les vélos de remonter les rues à contre sens est maintenant une pratique institutionnalisée dans certaines villes européennes polluées qui privilégient une circulation plus douce.

La modification des relations sociales, entre les automobilistes pékinois, que j'ai constatée sur une période de vingt ans illustre bien cette notion de coopération obligatoire.

En 1990, dans une rue étroite de Pékin, sans signalisation particulière ou sans respect d'une signalisation existante, le blocage de la rue était systématique quand deux ou plusieurs véhicules se croisaient.

Cette situation socialement nouvelle, pour les pékinois qui découvraient l'automobile à haute dose, a fini par se régler. Cela s'est traduit par un changement d'attitude des individus qui anticipent leur placement pour pouvoir continuer à circuler mais le problème global de la circulation à Pékin, qui est maintenant saturée, ne change en rien. Il y a cependant là l'invention d'une règle commune qui n'est pas dans le code de la route.

Les migrations de population sont toujours soumises à des impératifs économico-politiques, un mélange dramatique de contraintes biologiques et sociologiques. L'absence totale de sécurité de la circulation des migrants est la preuve de cette contrainte biologique de survie mal calculée, mais calculée. Les voies parallèles, par terre, mer ou plus rarement air sont un calcul de risques hors de la règle sociale à prétention universelle. Leur coût en vie humaine est exorbitant mais ce sont là des contraintes de survie plus lourdes, estimées par un calcul qui fixe des priorités réelles pour les acteurs au-delà de nos codes marchands. Les migrants clandestins illustrent dramatiquement cette organisation des priorités.

Le réseau routier

Les concepts de coopération qui se réalisent matériellement, entre les individus ou les sociétés et à l'intérieur des sociétés, entre les cultures sont aussi connus des biologistes ; l'usage qu'ils en font est bien souvent différent mais pas incompatible.

Pour que puisse se réaliser la circulation des marchandises, et que les accidents ne soient pas plus coûteux que ce que rapportent les échanges, le respect d'une forme de coopération est obligatoire. On peut donc appliquer un raisonnement commun de calcul de bénéfice par rapport au coût, entre la biologie et la sociologie, dans l'appréhension de la circulation routière. Si la circulation routière tuait plus d'individus qu'elle ne rapportait de bénéfices comptables ou sociaux, elle serait vite arrêtée. La coopération entre deux sociétés ou deux individus ne peut se continuer que si les individus ou les sociétés restent en vie. On est en contradiction avec certaines formes de parasitismes qui peuvent mettre en danger leur existence en détruisant complètement l'hôte qui les fait vivre. Mais la prédation aussi est une forme de coopération contradictoire. Sur le long terme, il n'est pas sûr qu'une forme d'équilibre, vision idéale de la marche du monde, soit possible dans ce domaine. Claude Combes m'a fait remarquer que les équilibres parfaits sont incompatibles avec l'évolution :

équilibre = pas d'évolution

Je parle souvent de circulation des marchandises sans parler de circulation des personnes.

Pour expliquer cette réduction, je dirai que les personnes transportées ne sont pas autre chose que des marchandises. Il ne s'agit pas d'un jugement éthique mais d'un constat : celui d'un principe d'équivalence généralisée, cher au marxisme. Le tourisme, première activité économique au monde en est une illustration flagrante.

Les codes

Mais le code de la route n'est pas le seul code commun que partage l'humanité. La technologie et la science nous ont permis de découvrir un code commun à toute l'humanité : le code génétique. Il ne s'agit pas d'une invention ou d'une création, comme le code de la route, mais d'une découverte, un « déjà là », présent en dehors de la conscience que nous pouvions en avoir.

Les deux codes sont transmissibles culturellement, mais un seul l'est en plus, sans aucune démarche sociale, par lui-même. Le processus d'apprentissage de l'un ne concerne pas l'autre.

Le génome comme représentation scientifique d'un fait nécessite un langage culturel, social, pour être partagé comme connaissance. Son existence en dehors de cette représentation n'est pas culturelle, même si la découverte dépend de la technologie, il existait avant qu'on puisse l'observer. Ce n'est pas le cas du code de la route, c'est même le contraire puisqu'il a fallu le créer pour en parler.

Le code de la route est une invention sociale, une chimère, une création humaine.

Le code génétique est une découverte scientifique, les deux sont le produit de l'esprit humain mais restent bien différents.

Les deux font l'objet d'adaptations, très longues et très progressives dans un cas, très rapides et plus conséquentes dans l'autre.

D'un côté, un code commun à toute l'humanité, déjà là, découvert par l'homme, inventé dans son système de représentation : le code génétique, de l'autre, un code commun (en principe) à toute l'humanité inventé par l'homme dans son principe et sa représentation : le code de la route.

Les applications de l'un sont immuables ou ne permettent que peu de variations. Celles de l'autre sont modifiables assez rapidement, même si leur application peut s'inscrire différemment dans le temps.

L'utilisation d'un même terme (le code), ne constitue pas une similitude de contenu ou une communauté d'utilisation entre les deux domaines qu'ils couvrent. Si le code génétique et le code de la route ont un rapport commun avec la vie, le premier vise sa propre transmission ou la transmission de certaines informations d'une forme de vie, le second, lui, vise la protection de la vie dans la cadre d'une mission première sur la survie. La protection de la vie par le code de la route est un effet secondaire, l'objectif premier étant la circulation des marchandises et des personnes, donc une contrainte sociale.

Ce qui est comparable par les termes utilisés entre la sociologie et la biologie, mais cela peut s'appliquer à d'autres domaines de recherche, c'est qu'une vision comptable de l'activité dans le biologique peut se faire par l'analyse d'une supériorité du bénéfice sur le coût. Cette démarche, qui peut sembler d'une grande trivialité pour les littéraires que nous sommes, n'est pas inutile pour la compréhension d'un phénomène, mais assez mal vécue par des lecteurs habitués à des rejets de la pensée utilitaire.

Pourtant, en rattachant la vision idéologique que suppose l'équilibre coût-bénéfice à la biologie, on ne décrit pas qu'un modèle financier, qu'une référence comptable mais aussi des rapports sociaux, des rapports de force entre des individus, des espèces. Le raisonnement coût-bénéfice est un système conceptuel de représentation, transfert de technologie d'un domaine social à un domaine biologique qui peut être pertinent.

Observer un pays et rapprocher ses observations de la biologie procède de raccourcis saisissants mais peut être utiles. Je préfère prendre le risque de me tromper plutôt que d'exclure ma propre pensée. Les associations qui naissent de l'observation ne sont ni obligatoirement scientifiques ni obligatoirement vulgaires. On peut essayer de les rendre un peu moins vulgaires, elles n'en seront pas pour autant scientifiques.

Eternel débat entre la pensée commune et la pensée spécialisée.

Alors pourquoi cette réflexion ?

D'abord pour défendre la sociologie et plus largement les sciences humaines en les confrontant à la biologie ou à d'autres méthodes de l'exploration de l'homme ou de ce qui constitue le point commun de toutes les espèces sur la terre : la vie.

La sociologie n'a peut-être pas besoin d'être défendue, mais elle a besoin de se sortir, comme la biologie, de prés fermés (je sais, on dit parfois les champs) et des prés carrés dans lesquels elle s'est enfermée et dans lesquels elle est parfois prise avec une certaine condescendance, voire un certain plaisir.

La curiosité est aussi un moteur (de recherche) important, mais ces sentiments qui sont des constituants de la recherche ne font pas encore partie de la construction scientifique. Nous nous emploierons à ne pas les évacuer comme à ne pas les subir.

Les sciences de la nature ne sont pas, ne sont plus, un modèle pour les sciences humaines, mais elles doivent être une source d'inspiration, elles l'ont déjà été. Comme activité de la pensée humaine, elles doivent nourrir les sciences humaines, non les former. Si une partie de leur objet est finalement la même, leur approche de cet objet est différente. Cette différence est nécessaire et leurs échanges doivent être réciproques.

Pour l'instant, la réciprocité est surtout celle d'une domination prétentieuse de l'une et les complexes pesants de l'autre.

Les sciences de la nature atteignent avec les sciences humaines les limites d'une expansion bénéfique mais soit trop autonome, soit trop dominante. Elles ont rempli leur rôle social, et donc humain, en s'appuyant à la fois sur des développements technologiques qui ont permis leur croissance ainsi que de nombreuses découvertes et sur des instruments théoriques de représentation largement inspirés des mathématiques. En définissant des champs de recherche et d'application qui leur sont propres, elles se sont imposées logiquement comme une activité humaine spécifique. Leur appui aux sciences humaines est délicat pour plusieurs raisons dont la principale est l'incompatibilité des méthodes avec les objets étudiés, en particulier parce que l'observateur est un acteur dans le système observé.

La technologie n'aide que peu les sciences humaines.[30] Par contre, les instruments quantitatifs de représentation du monde sont d'un grand soutien pour introduire une pensée générale sur la société ou les rapports sociaux et ils sont largement utilisés. Le microscope électronique aide à mieux connaître la cellule nerveuse, mais son rapport direct avec la cellule familiale reste à mettre en évidence. Nous ne doutons pas qu'un jour, cela se fera.

---

[29] J'aime beaucoup la citation attribuée à Churchill sur les statistiques : « Les seules statistiques auxquelles je me fie sont celles que j'ai trafiquées. »

Il y a donc besoin d'une étape nouvelle où l'approche des sciences de la nature doit se compléter par les approximations sentimentales mais parfois pertinentes des sciences humaines. Cette idée peut faire frémir, nous en sommes conscients, mais nous souhaitons cependant promouvoir le concept de la pertinence des sentiments dans la conduite des actions humaines, donc de leur observation.

La pertinence scientifique de Balzac n'est peut-être pas aussi incongrue dans la description de la vie sociale du 19ème siècle en France que le laisse supposer son aspect littéraire.

La séparation entre ces deux domaines scientifiques est devenue un handicap pour les sciences humaines, victimes de leur absence de résultats tangibles. Cercle vicieux puisque ce manque de résultats peut s'expliquer, en partie du moins, par ses méthodes inadaptées, issues des sciences de la nature, arrivées à une certaine limite (la place de l'humain et du social par exemple), même si elles ont encore beaucoup de champs à explorer.

La bagarre et l'évaluation négative entre les tenants des sciences exactes (exactes jusqu'à quand ?) et les aboutissants des sciences inexactes, quelles soient sociales ou humaines, me semble bien archaïque[31]. Je crois la différence peu efficace, inutile, parce qu'elle constitue un frein à une exploitation plus fine de don-

[31] Je saisis mal ce qu'est une science inexacte. Le problème de la définition des sciences exactes c'est qu'elles définissent, par opposition, par exclusion, cette antinomie de science inexacte ou alors la science est multiple ce qui est un autre débat.

nées qui permettraient une meilleure connaissance de l'homme. C'est comme étudier la mort sans prendre en compte la douleur des proches et son traitement social, ce que les médecins modernes nourris aux sciences naturelles après l'avoir été aux lettres anciennes font couramment.

D'ailleurs, la préoccupation de la biologie est souvent de comprendre la vie, ce qui ne peut se faire sans intégrer la mort comme élément constitutif du système observé.

Première remarque au regard de ce qui précède, l'emploi du « je » dans une démarche ou dans un exposé scientifique ou à prétention scientifique, est-il valable ?

Ce que craignaient déjà les sciences humaines refusant le je, ne cantonnant leurs réflexions que sur l'objet observé devenu un « ils » ou un « on » plus journalistique (injure suprême de l'écriture sociologique qui se nourrit quand même de cette même engeance journalistique).

Dans la démarche scientifique, c'est-à-dire dans les procédures d'observation, de recueil et de mise en ordre des informations, l'emploi du « je » est implicite mais reste un non-dit, presqu'un tabou. On en revient à l'éternel problème de l'influence de l'observateur sur le système observé, dans une attitude ou la primauté des procédures exclut l'observateur.

QU'EST-CE QUE LA PRIMAUTÉ DES PROCÉDURES ?

Le non-respect par l'observateur des procédures établies, reconnues, rend la démarche non scientifique. Ce qui semble normal, la reproduction des procédures à l'identique est une garantie de comparaison des résultats comme de leur transmission. Cette procédure, méthode indispensable qui transcende l'individu pour produire un savoir universel, communicable, est nécessaire, même si les découvertes sont souvent le produit d'accidents ou d'incidents dans les procédures.

On peut oser la pensée suivante : la forme de l'expression est la procédure des sciences humaines, sa liturgie obligatoire ; chaque chapelle doit se reconnaître, dans ses vocabulaires, dans ses références.

Une fois la forme reconnue, la reconnaissance acquise, les échanges peuvent commencer, sinon, c'est l'exclusion, la marginalisation.

Le non-respect des procédures est parfois l'origine de découvertes accidentelles dans les sciences naturelles. Les limites de la technologie, souvent passagères ou momentanées, mettent en forme les procédures et leur cadre défini peut aussi être un frein à la découverte de procédures nouvelles.

Après ces quelques remarques, j'ai donc choisi le prétexte de l'observation de la circulation routière en Inde pour mettre en avant les liens que j'imagine possibles entre la sociologie et la biologie. Cette recherche ne repose pas uniquement sur la personnalité de Claude Combes, avec qui un échange aussi fructueux qu'amical a été possible. J'insiste sur cette dimension amicale parce que je crois qu'elle fait partie de l'élaboration de cette réflexion, qu'elle est une partie de la procédure de la pensée, qu'elle permet de contourner les écueils de la pensée exclusive. Certes, l'amitié n'est pas scientifique mais elle peut faire partie d'une démarche scientifique parce qu'elle la permet. C'est en discutant avec Claude Combes que le fait de s'engouffrer dans cette voie de recherche m'est apparu comme possible. Ce sont aussi les recherches de Michel Jouvet sur le sommeil qui m'ont ouvert les portes, à la fois dans la démarche et dans les perspectives qu'offraient leurs résultats, de comprendre le sommeil et un peu mieux le rêver (pas les images du rêve). Je crains d'être toujours aussi ignorant sur la biologie voire la neurobiologie mais je pense aussi avoir appris dans la réflexion sur les sciences sociales grâce à ces disciplines.

Mais revenons à notre voyage.

J'essaye de ne plus dire les Indes même si la nouvelle appellation revêt un caractère moins exotique. L'Inde est en effet une nation, les Indes une destination, (desti Nation, destin nation), un lieu de projection pour un déplacement presque imaginaire, et en même temps un vrai voyage où l'on distingue bien l'importance du partir.

Partir : « laisser ceux que l'on aime comme ceux que l'on n'aime pas, abandonner même momentanément, le cours d'une vie pour un autre, pour une autre. Si pendant ce voyage, on ajoute la lecture d'un roman, un voyage dans le voyage, on peut alors rêver d'augmenter la trahison ou le plaisir. Partir c'est faire crever les autres. Mourir c'est partir beaucoup. »

Voyager, c'est d'abord partir, se déplacer d'un lieu à un autre, même si la technologie a réduit la difficulté et la durée du déplacement, cette notion d'abandon reste d'une grande puissance pour moi. L'illusion de se couper des problèmes du moment, de s'ouvrir à de nouvelles rencontres, de préférence féminines, voilà ce qui donne au voyage de quoi alimenter des frissons clandestins (rêver !).

Le fait de diriger soi-même son moyen de déplacement, vélo, moto, auto, avion, etc., par la concentration sur le déplacement que cela impose, augmente cette impression de rupture, d'abandon du lieu d'où l'on part. Mais la prise en charge de son déplacement par d'autres est aussi une forme d'abandon au savoir faire des autres.

La marche est un mode de déplacement différent, capacité interne de l'espèce humaine, elle est contrôlée à la fois par le marcheur et ses capacités génétiques. Le marcheur sur terre est aussi quelqu'un qui s'abandonne et abandonne, le rythme des pas hypnotise, la caresse de l'air entretient l'illusion d'un recentrage sur soi.

Mais où est le caractère scientifique dans tout cela ?

L'expression des sentiments est-elle dans le champ scientifique ?

Faut-il faire appel à Ségalen pour rassurer les lecteurs avertis sur notre niveau culturel, celui qui nous autoriserait à discourir sur un tel sujet avec une prétention scientifique ou autre ?

Faut-il montrer du symbolique, des représentations conceptuelles qui nous attacheraient à un courant reconnu de la pensée moderne ? Ce qui permettrait à la pensée exclusive de s'exprimer.

Lors de mon dernier déplacement à New-Delhi en 2001 j'ai eu cette réflexion sur la pollution et sur la circulation qui m'amenait à penser que l'air de cette ville était tellement pollué par les gaz d'échappement des véhicules motorisés qu'ils n'avaient plus besoin de faire le plein d'essence ou de gasoil.

L'humour (si cela en est), face à ce drame est-il scientifique ?

Circonvolution inutile du discours ?

Pas si sûr ! L'humour est une forme d'appréhension du monde, un système complémentaire d'observation ou de distanciation du monde, donc de l'étude de la vie à partir de plusieurs regards.

En voyageant entre les sentiments et l'humour peut-on alimenter une réflexion transmissible avec des domaines aussi sérieux et difficiles que la biologie ou la sociologie ?

Certes, la neurobiologie permet de mieux connaître certains aspects de nos émotions ou de la mémoire dans l'organisation du cerveau humain, mais le chemin est encore long qui en établira les liens étroits. Attendons donc.

Comme individu et sociologue, je suis persuadé de la domination du cerveau sur nos comportements. Ce dictateur lourdement contraint sur le plan biologique va devoir accepter son analyse sociale en plus de sa découverte neurologique grâce à la technologie.

En tentant une synthèse de mes voyages et, à travers une image dont je reconnais la grossièreté, mais qui fut assez forte pour inspirer ces interrogations, j'ai fait une comparaison entre la circulation routière et les flux de la vie : sang, sperme, etc.

Cette réflexion me conduira aussi à voir l'adultère comme un élément de comparaison entre les approches de la biologie et de la sociologie.

Normalement, la circulation routière, qui n'a pas encore recouvert l'ensemble de la planète comme le craignait à juste titre le philosophe et sociologue Henri Lefebvre, est réglementée par des codes qui sont universels, valables sur les différents continents, un ensemble commun à toutes les populations urbaines ou urbanisées et urbanisables à plus ou moins long terme. C'est en tout cas le rêve de tous les fabricants d'automobiles. Ils sont parfois perturbés par les adaptations locales, culturelles, comme la circulation à droite ou à gauche de la chaussée, mais le caractère réglementaire, institutionnel, appartenant au code de la route de divers pays, ne les obligent qu'à une adaptation technique : le positionnement du volant à droite ou à gauche dans le véhicule.

Grâce à un code commun, le code de la route, la communication, dans ce cas, plus particulièrement, l'aspect circulation, des êtres et des marchandises, quand ils ne sont pas confondus, peut se faire entre les espaces culturellement différents occupés par une espèce unique. Cette construction sociale, elle aussi, unique dans l'histoire de cette espèce présente en soi un intérêt pour l'observateur spécialisé qu'est le sociologue, pour le biologiste, l'intérêt est peut-être lointain, mais il peut exister, nous verrons.

L'évolution sociale, plus rapide que l'évolution des espèces, nous a conduit dans une primauté de la circulation des marchandises, les êtres (humains ou pas) pouvant être considérés comme une marchandise (esclavage, immigration clandestine ou pas, autres charmants comportements humains, transport de bétail).

La mobilité des populations remonte à beaucoup plus loin. Elles partaient à la recherche de leurs nourritures. Maintenant les nourritures viennent à elles sous forme de marchandises, les populations étant sédentaires, urbanisées.

Par rapport à la période actuelle, en l'espace relativement court de trois siècles pour l'Europe et d'un siècle pour l'ensemble du monde, la relation entre les communautés humaines s'est établie presque totalement. Peu de territoires et peu de populations sont encore à découvrir.

Ces communautés pouvaient vivre indépendamment les unes des autres en produisant des biens de consommations ne requérant que des technologies relativement simples.

L'exemple des bastides moyenâgeuses européennes comme lieu de marché pour une zone géographique plus ou moins étendue est assez frappant. Les moyens de transport entre des zones de production étaient assez peu nombreux, du colporteur au livreur, les biens ne pouvaient être trop volumineux. L'immobilité des produits (pas encore des marchandises) nécessaires à la vie d'une communauté villageoise, réduisait les échanges. La survie d'une société humaine ne dépendait que peu d'autres sociétés éloignées, comme nous dépendons actuellement du pétrole, par exemple, pétrole dont ont besoin les véhicules qui se déplacent, ou des usines de fabrication de nos vêtements en Extrême-Orient.

Le passage des sociétés agricoles ou agraires (donc relativement autonomes) à des sociétés urbaines et industrielles rend interdépendants les individus et les groupes auxquels ils appartiennent, même si par ailleurs, ces sociétés urbaines fournissent un anonymat sécurisant. De zones de production autonomes ou relativement autonomes, les sociétés passent à des interdépendances liées à leurs capacités de production. Cela crée des sociétés plus grandes en nombre d'individus, des développements urbains qui renvoient les productions alimentaires dans des campagnes devenues industrielles. La circulation entre ces pôles est donc vitale pour recevoir, écouler, consommer des productions de tous types.

La place du marché était centrale dans les villages bien fermés, à côté de l'église bien ouverte. Les sociétés développées ont cédé aux transporteurs leurs productions devenues des marchandises, comme les producteurs ont confié leurs stocks aux transporteurs. Les routes sont cet espace vital entre la production et la consommation. La logistique, une approche des mouvements de la marchandise. Les immenses stocks de marchandises qui naviguent dans d'immenses porte-containers nécessitent aussi des règles de circulation maritime internationalisées. Un code de la mer.

Cette règle globale de circulation des marchandises, qui s'applique à l'ensemble de la planète, nécessite des moyens partagés par toutes les populations, tous les individus, moyens de communication, comme la voiture ou l'avion, le train, le bateau, etc.

Un patrimoine social commun, un code commun devenu nécessaire.

Ce code social ou culturel par référence au code génétique fait l'objet d'une interprétation assez large mais il obéit quand même à des minimums dans lesquels le rapport à la sécurité est une obligation permanente, sécurité plus économique qu'humaine. Une réalisation minimum de l'objectif dans un coût minimum est indispensable à son existence.

J'ai pris l'habitude, dans mes déplacements à l'étranger, d'observer les règles de la circulation automobile, soit en conduisant moi-même quand c'était possible, soit parce que j'étais transporté.

Le voyageur professionnel que je suis utilise toujours le même circuit et ce dans le monde entier. C'est dans ce circuit identique dans chaque pays visité que la recherche de ce code commun m'est apparue possible comme sujet d'observation. Ce circuit est un terrain d'observation simple, c'est un triangle constitué par l'aéroport, l'hôtel et l'université. La liaison entre ces points se faisant en taxi la première fois, avec d'autres moyens ensuite suivant l'humeur ou la contrainte économique du moment.

Ce terrain d'observation, espace social devenu comparable, est suffisamment riche pour être étudié. La présence de l'observateur spécialisé, dans ce laboratoire social naît d'une curiosité, et d'une émotion. Du superficiel au léger l'observateur essaye de mettre en ordre des informations (émotions) recueillies sans procédures particulières.

REMARQUE :

Il faut distinguer la conduite en ville de la conduite entre les villes, sur des chemins ou des voies dont l'état ne laisse pas de place à l'inattention, le facteur vitesse jouant un rôle plus important entre les villes. Ce constat d'une différence est logique puisque la notion de transport est liée au développement urbain sur la planète. La campagne n'est plus qu'un lien entre les villes, éventuellement un paysage passager sous une forme souvent industrielle.

EXEMPLE :

Dans les villes vietnamiennes, cambodgiennes ou thaïlandaises, on attend le dernier moment, pour éviter avec une indifférence qui marque le refus de l'affrontement, celui qui vient en face ou sur le côté. Il en découle aussi un refus du croisement à 90 ° qui évite les chocs. Cette règle de croisement est appliquée en Europe ou dans les pays européanisés comme l'Argentine ou le Chili où la circulation est la même qu'à Barcelone ou Paris. Petite différence entre Barcelone et Buenos-Aires, les bus d'une même ligne ne font pas la course entre eux avec dépassement, ils se suivent scrupuleusement.

La circulation dans les sociétés occidentales se fait en fonction des modes d'urbanisation, c'est-à-dire, contrainte par l'angle droit des rues. L'arrivée de l'automobile dans la cité oblige à des courbes (voir les nœuds d'autoroute en périphérie ou le développement des voies circulaires autour des villes, les rings). Le centre-ville est encerclé. Dans les villes surpeuplées de deux roues, les croisements ne se font pas à angle droit, trop dangereux. Cette contrainte est notable sur les périphériques urbains des métropoles.

Depuis quelques années, l'entrée sur le périphérique parisien est prioritaire, cela facilite la fluidité d'entrée. Avant, la circulation sur le périphérique était prioritaire et l'entrée devenue aléatoire bloquait le flux, cette inversion récente rend la circulation plus fluide.

Ce qui est remarquable au Vietnam, c'est que le croisement, normalement à angle droit ne se fait jamais, les voitures comme les deux roues cherchent un mode de croisement qui passe par l'évitement : le bon sens et la culture font parfois bon ménage.

Auto-organisation

La rencontre entre un biologiste et un sociologue est peut être une manifestation de l'auto-organisation dans les sciences du vivant. Contre les règles institutionnalisées de la séparation des sciences actuellement en vigueur, une rencontre impromptue, inattendue, peut produire de nouvelles formes de résultats, sans contrainte extérieure, simplement parce que les individus impliqués réagissent différemment, dans le déséquilibre. La poursuite d'un désir de compréhension des règles du vivant ou du social de l'espèce humaine fait partie de la démarche présente. Elle peut être dérangeante mais se veut, se souhaite, libre, sans autre souci que la compréhension de vécus. Elle bouscule des règles plus ou moins conscientes, des modes d'interrogations. Le déterminisme culturel des acteurs est bien sûr à l'œuvre mais sa prise en compte peut en réduire la contrainte, pas la faire disparaître.

« L'auto-organisation est un **processus** d'organisation émergent. Mais elle se différencie de l'organisation en ce sens où l'organisation émergeante ne provient pas de forces extérieures (même si le système reste ouvert sur son **environnement**) mais de l'interaction de ses éléments ». (R-A. Thietart, 2000).

L'organisation de la préservation ou de la transmission de ses gènes est elle une auto-organisation ?

La préservation de ses gènes est à la fois une contrainte interne biologique et une contrainte externe biologique et sociale, on passe de l'individu à l'espèce, mais ces deux contraintes sont liées très intimement.

L'adultère est il une forme d'auto-organisation d'une espèce pour assurer une meilleure transmission de ses gènes au niveau global ?

L'auto-organisation, mise en perspective par les chercheurs en chimie ou en biologie, qui observent les insectes et plus particulièrement les termites et les fourmis nous fournit un bon exemple. Il est certain qu'après Wilson, l'évocation des insectes sociaux pour faire des comparaisons avec les sociétés humaines est source d'une réaction quasi épidermique d'ailleurs assez justifiée. Il n'est pas question pour nous de comparer les termites et les hommes. Je crois que c'est une erreur fondamentale que de faire des transferts de technologies entre des domaines qui n'ont rien à voir. Je pense avoir dénoncé cette attitude en ce qui concerne la GRH (Gestion des Ressources Humaines) mais le concept d'auto-organisation que l'on utilise en biologie peut servir en sociologie ou plus largement dans l'étude du comportement des humains si la façon de l'utiliser tient compte de certaines différences.

Il ne s'agit pas que d'un transfert de vocabulaire. Les phénomènes observés restent identiques et abordables sous plusieurs systèmes d'observation et de restitution.

Si l'auto-organisation est portée par les organismes vivants, ou chez les insectes sociaux par les individus qui ne savent pas qu'ils participent à une organisation plus générale, chez les êtres humains le caractère antisocial ou contre social de l'auto-organisation est contraire à l'idée que l'on en a en biologie. La dimension sociale induit une dimension politique.

L'auto-organisation chez les humains est une remise en cause de l'ordre social établi. Vécue comme telle par les acteurs qui la subissent ou par les acteurs qui la créent, elle n'est pas obligatoirement consciente.

Il y a une connotation politique très forte autour du concept d'auto-organisation, proche de l'autogestion et d'une voie différente de celle de l'ordre établi éventuellement divin (lequel ?). Mais comme pour la compétition, le même terme varie de sens du champ des sciences sociales au champ de la biologie, donc la méfiance est de mise.

Je ne crois pas que la politique soit systématiquement impliquée dans les intentions de l'auto-organisation, en revanche les conséquences le sont.

La révolution sociale est souvent abordée comme un processus d'auto-régulation, d'auto-organisation (Karl Marx et suiveurs).

Cette vision est contradictoire puisqu'à partir du moment où il y a un chef d'orchestre (le parti), on n'est plus dans la définition de l'auto-organisation.

Politiquement, la Fédération Anarchiste devrait se sentir plus proche du concept d'auto-organisation, mais alors le partage avec d'autres espèces vivantes devient une naturalisation qui nous ramène à celle de la compétition dans les rapports sociaux…

Restons en dehors de ce champ délicat que je pense réel mais encore plus complexe.

La biologie observe que des éléments, sur la base d'informations génétiques, sont capables de se mettre dans un ordre particulier. La sociologie observe que les individus mettent en place contre les règles sociales, des comportements qui servent à protéger leur patrimoine génétique.

On peut donc tirer des leçons de l'étude du social pour les transférer au vivant, au biologique, puisque de toute façon le social est vivant, il est donc aussi biologique mais heureusement, il n'est pas que cela. Le vivant n'est pas réductible exclusivement au biologique.

Nous avons su faire, dans l'histoire des sciences, le transfert entre le technologique et le vivant pour expliquer celui-ci.

Par exemple, la manière d'approcher le cerveau est empreinte de cette démarche qui utilise les concepts et les instruments très complexes de la dernière technologie pour comprendre et expliquer le cerveau. Le cerveau était « la grande pompe » quand les pompes étaient la machinerie la plus sophistiquée, puis il est devenu « le grand standard » quand le standard téléphonique était l'exemple de la complexité. Enfin, dans la dernière période, le cerveau est l'ordinateur ou le grand ordinateur. Ces exemples n'ont pas d'autre valeur de démonstration que celle de la contrainte des transferts de technologie, contrainte de l'ethnocentrisme, de la mode, de l'évolution de la technologie, dans les modes de pensée.

Certains savent aussi tirer les leçons du vivant pour les transférer au technologique, cela ne prouve pas autre chose que la tendance plus qu'humaine de se référer, pour expliquer le monde, à ce que l'on croit connaître (le Velcro).

L'étude des comportements individuels qui sont à la base de conduites plus complexes au niveau d'une collectivité, d'un groupe social, peut se faire avec des instruments différents, de la psychologie à la sociologie on peut aussi maintenant intégrer des méthodes de la biologie ou de la neurobiologie.

Ce qui différencie les démarches d'observation et d'intervention, c'est qu'il n'y a une gêne à transformer l'homme et ses sociétés en zone d'observation. La protection que les hommes mettent sur l'étude de leurs propres comportements gêne (encore !) leur observation. J'en reviens à l'implication qui organise l'observation, l'homme, en devenant le propre objet de son observation, perd une bonne partie de ses capacités d'analyse et d'aptitude scientifique. Les remarques de Michel Jouvet sur la perte d'information liées au refus de faire des prélèvements sur certaines populations à des fins d'analyses génétiques est un bon exemple de cet impossibilité idéologique, dans un sens ou dans l'autre, d'observer l'homme comme on observe les fourmis ou les termites. Dans un sens, on peut s'en réjouir quand on sait ce que ces équivalences sont capables de donner dans la vision de l'homme et que le principe d'équivalence généralisée des objets d'étude n'est pas forcément une bonne chose. Mais les croyances ne servent pas la démarche scientifique, quand elles ne la tuent pas.

La notion d'auto-organisation, qui passe de la molécule (le flocon de neige) à l'observation des animaux (insectes), ou à l'homme, dans le cas de l'observation de la circulation routière, est un principe qui traverse les types d'observation. Quand chaque individu nie une règle collective interne ou externe, c'est-à-dire soit une règle sociale, soit une règle génétique, pour préserver son patrimoine génétique, donc l'espèce à travers lui, cela peut se faire grâce à l'auto-organisation.

Il semble qu'il y ait une contradiction entre le fait de nier un comportement social, collectif, une règle collective et un comportement individuel ajusté qui se reporte à une notion plus large de préservation de soi et de l'espèce. Les deux notions sont à intégrer dans la démarche d'observation, pas à opposer. Pour les individus, les notions de préservation de soi ou de l'espèce peuvent être divergentes ou communes mais elles sont souvent simultanées.

L'auto-organisation vient de l'intérieur pour la partie cellulaire ou pour l'observation biologique, on peut donc supposer que les informations viennent de l'intérieur, qu'elles sont endogènes comme on dit. Pour le sociologue qui observe la circulation routière, l'auto-organisation vient après l'organisation sociale du code de la route que garantit le système d'État, donc elle vient bien de l'intérieur du système si l'on veut considérer la circulation comme un système observable pour lui-même. L'organisation sociale a construit les routes, les autoroutes, les voitures qui y circulent, les systèmes de contrôle ou de répression.

L'auto-organisation permet aux acteurs de mettre en place les moyens pratiques de faire circuler réellement tout ce qui emprunte ces voies.

L'auto-organisation dans la définition qu'en donne. G. Theraulaz, E. Bonabeau et J.L. Deneubourg. confirme cette vision[32] :

« L'auto-organisation caractérise tout processus au cours duquel des structures émergent au niveau collectif à partir d'une multitude d'interactions entre individus sans être codées explicitement au niveau individuel. Le terme structure désigne aussi bien l'organisation des activités des individus que le résultat de leur propre activité ».

Il semble donc que l'on puisse mettre un nom sur le phénomène que nous observons mais cela nous donne-t-il une information ou une explication sur ce phénomène ?

Ce n'est pas sûr.

---

[32] G. Theraulaz, E. Bonabeau et J.L. Deneubourg, La recherche 313 octobre 1998.

Si la définition de l'auto-organisation semble convenir, elle n'en est pas pour autant satisfaisante et ne donne pas les raisons de sa mise-en-œuvre.

Les fonctionnalités identifiées du cerveau, dans leur positionnement, sont-elles équivalentes aux fonctionnalités corporelles ?

Oui, dans la mesure où les fonctionnalités du cerveau se développent comme les fonctionnalités du corps, au même endroit pour toute l'espèce humaine. L'exemple de l'aire de Broca ou l'aire du langage, pour simplifier, se trouve au même endroit chez tous les homo-sapiens-sapiens. S'il s'agissait uniquement d'une part culturelle et dans la mesure où les cultures diffèrent, cette aire serait, ou pourrait être, dans des endroits différents du cerveau, ce n'est pas le cas. Le positionnement différent chez certains individus (les gauchers) ne remet pas en cause la tendance générale de l'espèce humaine, plutôt droitière. Elle peut être simplement la confirmation de la nécessité pour une espèce d'avoir des groupes d'individus différents dans leur constitution et plus ou moins nombreux pour se protéger de certaines attaques environnementales (virus, conditions météorologiques, etc.)

Les individus (gauchers ou autres) permettent, en cas de besoin, à l'espèce de s'adapter. Leur différence est parfois très mal acceptée socialement, voire rejetée. La sorcellerie et ses procès ne sont pas loin. L'étude sociale des gauchers, c'est l'étude du rejet de la différence dans les rapports sociaux perpétuellement animés par le souci de l'uniformisation. C'est la neurobiologie qui sauve les gauchers du bûcher et de la torture, pas la sociologie. La neurobiologie du cerveau renforcera l'analyse sociologique sur la difficile gestion de la différence dans les sociétés humaines. Elle renforcera encore plus l'évidence de la nécessité de la différence chez les individus dans la perspective de la survie de l'espèce.

L'écriture, activité humaine plus récente et pleinement culturelle, n'entre pas dans cette construction cérébrale. Il nous faudra un peu de patience pour identifier cette zone dans le cerveau comme faisant partie de la genèse globale de l'espèce humaine.

Il est maintenant technologiquement possible d'identifier les zones cérébrales impliquées dans l'écriture, qui sont souvent les mêmes, où plus exactement, l'écriture mobilise les mêmes circuits, aux mêmes endroits chez presque tous les humains.

Le cerveau s'auto-organise face à des changements culturels. Dans combien de temps aurons-nous identifié une zone de l'écriture au même endroit pour toute l'espèce humaine ?

PETITE OBSERVATION, SUR LES PRIORITÉS DU CERVEAU DANS L'ORGANISATION DU CORPS :

On sait que le cerveau, notre cher patron dictateur, donne priorité à ses intérêts dans la circulation sanguine lorsqu'il fait froid. Quand le sang se retire des extrémités, le cerveau choisit deux endroits à privilégier dans le corps, l'appareil génital et lui-même.

Il me semble donc intéressant de noter que l'appareil pileux, donc de défense contre le froid, entre autres fonctions, est chez l'homme et la femme, particulièrement abondant à ces deux endroits. L'appareil pileux répond aux mêmes contraintes que l'appareil de circulation sanguine. Mais quel rapport entre les deux ?

Et pour quelle raison particulière devons-nous protéger le cerveau et les parties génitales plus que les autres parties du corps, si ce n'est ce souci de reproduction cher aux biologistes et aux psychanalystes.

Oh le doux vertige de la recherche de connaissances !

Paradoxe : la recherche de sécurité se fait dans un contexte d'insécurité. Les habitudes culturelles des chauffeurs des pays d'Asie font qu'ils savent prendre des risques que nous ne prendrions pas. Par exemple : le dépassement en côte, dans des virages, le franchissement de ligne continue quand elles existent, etc. C'est donc le non-respect du code qui met en danger et qui produit aussi des aménagements pour que le danger soit moindre. Dans ce contexte dangereux, il semble étrange qu'un aménagement se fasse pour préserver du danger. Cela pose le problème de l'appréciation du danger selon les modes de conduite dans les pays observés. On retrouve là, encore une fois, le rapport entre la force publique et les individus sous une forme culturelle.

Le degré d'intériorisation des règles de conduite dépend donc de la forme d'éducation, pas obligatoirement scolaire, qui produit des comportements acceptables ou non. L'homme est un animal qui est capable d'intérioriser des règles sociales, de les vivre comme naturelles, comme génétiques, simplement parce qu'il les perçoit. Il appartient à la sociologie comme à la biologie de montrer ce qu'il y a de génétique dans le social et de social dans le génétique.

L'auto-organisation pallie au manque de respect des règles de sécurité et recrée les siennes, elle pallie aussi à la faiblesse d'une organisation sociale. Les codes de la route (de petites différences permettent de parler de codes) ne sont pas explicites pour les individus qui pratiquent ces règles, tout au moins dans les questions que nous avons pu poser, les réponses ne semblent pas mettre en avant cette notion de sécurité pour les acteurs qui circulent sur les routes. C'est une évidence pour les chauffeurs indiens ou vietnamiens ou chinois, ou polonais avec lesquels nous avons pu échanger pendant les trajets. Pour les chauffeurs indiens, la sécurité n'est pas du ressort social étatique mais presque divin, donc presqu'exclusivement culturel.

Ce que peut faire le concept d'auto-organisation est de décrire le phénomène mais difficilement de l'expliquer. La notion d'explication dépend d'un autre domaine de recherche mais la notion d'exposition peut faire intervenir d'autres schémas, ceux de l'intériorisation de la règle par exemple, de la puissance de l'État et de son stade de développement.

La diversité des individus fait qu'ils ne sont pas égaux, mais contradiction, si ne survivent que les meilleurs, c'est alors une négation de la diversité sauf si les survivants restent différents entre eux, ce qui est le cas. Ouf !

Chaque individu est un exemplaire unique sur le plan génétique, sauf dans le cas des jumeaux homozygotes, et encore, puisque leur environnement obligatoirement social va les différencier. Mais sur le plan social, ce caractère unique est souvent nié par les règles de l'uniformisation dont rêvent toutes les dictatures. La prise en charge par les pouvoirs publics de la préservation des gènes des individus, de leur sécurité, n'est pas spécifique au domaine de la circulation routière, mais il est suffisamment symbolique dans ce cas pour interroger les sciences sociales.

Le tabac fait vingt fois plus de morts que la circulation routière en France. L'État français ne consacre pas à la prévention de cette catastrophe permanente un budget vingt fois supérieur à celui de la prévention routière.

La violence est un monopole d'État et l'État, même défaillant, souhaite conserver ce monopole ou au moins afficher qu'il le conserve.

Notre environnement et donc les règles sociales portent cette tendance à l'uniformisation orchestrée par les différents pouvoirs politiques : nous mangeons la même chose, nous écoutons la même musique, nous nous déplaçons dans des espaces identiques : l'entrée des villes européennes est celui des chaînes de magasins de distribution. Nous portons les mêmes marques de vêtements, etc., etc.

La circulation des marchandises humaines ou non, sur la planète entière permet cette uniformité.

Elle est en contradiction totale avec le caractère unique de chaque individu vivant et pourtant nous ne pouvons que vivre en groupe.

Il y a sûrement une complémentarité entre ces deux faits : notre unicité et notre appartenance à une espèce qui en se développant, s'organisant, produit une uniformisation de plus en plus importante.

Les quelques différences culturelles qui persistent sont en voie de disparition devant la toute puissance de la marchandise. La disparition des langues au profit de quelques-unes dominantes et la nécessité de communication dans une langue principale illustre cette uniformisation.

Un cas pose les limites de l'auto-organisation pour préserver en tant qu'individu d'une espèce ses gènes, c'est celui du dépassement des deux roues sur le périphérique parisien. C'est un exercice dangereux qui a réussi (à quel prix ?) à instaurer une pratique sociale nullement reconnue dans le code de la route, mais qui est en application sur les voies, dans des États au système répressif avancé. Paris en est un exemple.

Les deux roues circulent entre deux files de voitures, généralement les deux dernières sur la gauche s'il y a trois ou quatre voies, pour dépasser les voitures en se faufilant, les feux de détresse allumés. Cette pratique illégale, courante s'est imposée aux automobilistes qui savent qu'ils doivent laisser un espace plus important pour laisser le passage, qu'ils doivent éviter de sortir de leur file brutalement, etc.

Les pratiques agressives des deux roues rappellent aux contrevenants à cette règle informelle, qu'ils ont tort au regard de la pratique de la circulation, pas du code de la route. Dans le meilleur des cas c'est un coup d'accélérateur tonitruant, un coup de pied, dans le pire c'est une chute du deux roues dont on ne connaît pas la gravité.

Les provinciaux ou les étrangers qui méconnaissent cette règle du « périf » se voient rappeler à l'ordre (grâce l'identification de leur plaque d'immatriculation) par le conducteur du deux roues. On se méfie plus de celui qui n'est pas immatriculé à Paris ou en Ile-de-France car la règle n'existe actuellement que dans cette zone géographique.

Cette auto-organisation est difficile à comprendre puisque le prix à payer pour cette pratique sociale choisie est ou fut souvent un prix individuel. Prendre le risque physique, voire mortel, de ce type de dépassement pour un individu, c'est en même temps participer à la construction d'une règle sociale qui profite au groupe momentané auquel on appartient et à sa propre existence.

Il est difficile de comprendre comment un individu peut se sacrifier physiquement sur l'autel d'une pratique sociale auto-organisée.

Ce qui est hautement paradoxal dans cette pratique sociale inventée récemment, c'est la prise de risque au nom de la rentabilité économique (le temps gagné) qui met en danger la vie de celui qui se déplace tout en participant à la mise en œuvre d'une règle bénéfique pour un groupe déterminé.

Dans ce cas précis, il semble bien que la contrainte économique, donc du ressort social, prenne le pas sur la contrainte biologique. Le motard prend le risque de l'accident pour répondre à une pression qu'il s'impose en partie pour être plus efficace sur le plan de son temps de travail ou de sa vie.

Même si on considère l'activité professionnelle comme un moyen de gagner sa vie, elle n'est que peu concernée par la contrainte biologique au premier degré : la sécurité physique.

La contrainte économique qui semble à l'origine des comportements sur le périphérique est une contrainte externe. Elle n'entre pas dans la définition de l'auto-organisation, mais comme elle est produite par des acteurs qui n'ont pas de chef d'orchestre, ni conscience de mettre en place un nouveau type de relation sociale, elle est aussi de l'auto-organisation.

La notion biologique de l'adrénaline dont se gave le cerveau du motard doit aussi être prise en compte.

Pour revenir aux concepts de l'analyse institutionnelle[33], on peut assimiler l'auto-organisation à une phase instituante dans la construction des rapports sociaux, puisque souvent, la pratique sociale née d'une contrainte biologique (transmettre ses gènes ou les préserver) ou d'une contrainte sociale (transmettre des biens, gagner du temps), va devenir une pratique sociale reconnue, extériorisée, mise en forme dans des règles (le mariage, le code de la route).

---

[33] R. Lourau (cf. l'analyse institutionnelle. Les éditions de minuit. 1970.)

Ce n'est pas le cas dans le dépassement des deux roues sur le périphérique parisien mais jusqu'à quand ?

L'institué de cette pratique n'existe pas encore, le processus d'institutionnalisation n'est pas abouti, seul l'instituant est actif.

Le 25 janvier 2016, c'est-à-dire un an après que les lignes ci-dessus eurent été écrites, les pouvoirs publics français examinent la possibilité d'autoriser le dépassement et la remontée des files de voitures par les deux roues sous certaines conditions. L'institutionnalisation me rattrape.

S'il peut y avoir une conclusion à cette réflexion sur la circulation automobile et à l'adultère comme manifestation de l'auto-organisation dans un phénomène social humain. (Que dire de ce vol d'étourneaux auto-organisé devant la fenêtre où j'écris ce texte, magnifique comme une fractale ? Pas le texte, le vol !). Nous pouvons citer ce texte trouvé sur Google à la réponse d'une recherche sur l'auto-organisation dont je n'ai pas trouvé l'auteur.

« Ces phénomènes d'auto-organisation s'observent par exemple aussi bien dans les sociétés animales (organisation de fourmilières, de vols d'oiseaux) que dans les sociétés humaines (applaudissement, panique collective, intention de vote) ou les systèmes géographiques (les réseaux urbains). Dans les groupes humains par exemple, et plus particulièrement dans le cas de l'émergence de la propagation de rumeur ou de panique dans les foules (D. Provitolo, 2007), l'auto-organisation n'est pas le fruit d'une intention prédéterminée. Des agents ou des entités en interaction, sans but commun préalablement défini, vont créer, sans le savoir et par imitation, une forme particulière d'organisation. Ce qui caractérise donc les systèmes auto-organisés, c'est l'émergence et le maintien d'un ordre global sans qu'il y ait un chef d'orchestre. ».

J'espère avec l'aide de Claude Combes et de quelques autres, avoir pu ouvrir l'espace de la réflexion sur l'organisation sociale en m'appuyant sur des concepts qui ne sont pas que ceux de la sociologie.

J'ignorais le concept d'auto-organisation quand j'ai commencé à observer la circulation en Inde et ailleurs. Il ne couvre pas tout le phénomène observé, j'ai sûrement oublié plein de choses (langage familier volontaire) dans ma description et dans ma tentative.

La rencontre entre un biologiste et un sociologue n'est pas de la sociobiologie, mais le rapprochement de deux disciplines animé par plusieurs dimensions me semble particulièrement intéressant.

La curiosité intellectuelle, la rigueur scientifique (celle de Claude Combes), le goût de l'échange, l'amitié sont des ingrédients de recherche non négligeables et non négligés dans cette aventure.

Que les questions posées et les quelques conclusions rendues soient source d'une meilleure compréhension et d'autres échanges entre d'autres biologistes et d'autres sociologues, ou pire encore.

Structures éditoriales du groupe L'Harmattan

L'Harmattan Italie
Via degli Artisti, 15
10124 Torino
harmattan.italia@gmail.com

L'Harmattan Hongrie
Kossuth l. u. 14-16.
1053 Budapest
harmattan@harmattan.hu

L'Harmattan Sénégal
10 VDN en face Mermoz
BP 45034 Dakar-Fann
senharmattan@gmail.com

L'Harmattan Cameroun
TSINGA/FECAFOOT
BP 11486 Yaoundé
inkoukam@gmail.com

L'Harmattan Burkina Faso
Achille Somé – tengnule@hotmail.fr

L'Harmattan Guinée
Almamya, rue KA 028 OKB Agency
BP 3470 Conakry
harmattanguinee@yahoo.fr

L'Harmattan RDC
185, avenue Nyangwe
Commune de Lingwala – Kinshasa
matangilamusadila@yahoo.fr

L'Harmattan Congo
67, boulevard Denis-Sassou-N'Guesso
BP 2874 Brazzaville
harmattan.congo@yahoo.fr

L'Harmattan Mali
Sirakoro-Meguetana V31
Bamako
syllaka@yahoo.fr

L'Harmattan Togo
Djidjole – Lomé
Maison Amela
face EPP BATOME
ddamela@aol.com

L'Harmattan Côte d'Ivoire
Résidence Karl – Cité des Arts
Abidjan-Cocody
03 BP 1588 Abidjan
espace_harmattan.ci@hotmail.fr

L'Harmattan Algérie
22, rue Moulay-Mohamed
31000 Oran
info2@harmattan-algerie.com

L'Harmattan Maroc
5, rue Ferrane-Kouicha, Talaâ-Elkbira
Chrableyine, Fès-Médine
30000 Fès
harmattan.maroc@gmail.com

Nos librairies en France

Librairie internationale
16, rue des Écoles – 75005 Paris
librairie.internationale@harmattan.fr
01 40 46 79 11
www.librairieharmattan.com

Librairie l'Espace Harmattan
21 bis, rue des Écoles – 75005 Paris
librairie.espace@harmattan.fr
01 43 29 49 42

Lib. sciences humaines & histoire
21, rue des Écoles – 75005 Paris
librairie.sh@harmattan.fr
01 46 34 13 71
www.librairieharmattansh.com

Lib. Méditerranée & Moyen-Orient
7, rue des Carmes – 75005 Paris
librairie.mediterranee@harmattan.fr
01 43 29 71 15

Librairie Le Lucernaire
53, rue Notre-Dame-des-Champs – 75006 Paris
librairie@lucernaire.fr
01 42 22 67 13

www.ingramcontent.com/pod-product-compliance
Lightning Source LLC
LaVergne TN
LVHW021237061026
849535LV00008B/3091
9782343161600